И. В. Шпаков

Становление и развитие трамвайного транспорта в Центральном Черноземье в конце XIX — начале XX вв.

Монография

Чарлстон
CreateSpace
2015

УДК 625.46(091)
ББК 39.82г(235.45)
Ш 93

Рецензенты:

Доктор исторических наук, профессор кафедры истории России Курского государственного университета **А.В. Третьяков**
Доктор исторических наук, профессор кафедры истории России Курского государственного университета **А.А. Сойников**

Шпаков, И.В. Становление и развитие трамвайного транспорта в Центральном Черноземье в конце XIX — начале XX вв. : монография / Илья Владимирович Шпаков; Юго-Западный государственный университет, кафедра истории и социально-культурного сервиса. — Чарлстон : CreateSpace, 2015. — 153 с.

ISBN-10: 1523271787
ISBN-13: 978-1523271788

Данная монография является первым изданием такого масштаба, посвященным истории трамвайного транспорта Центрального Черноземья в период его самостоятельности в управленческой, эксплуатационной и финансовой деятельности (1895 – 1937 гг.). В издании рассмотрены предпосылки к становлению трамвая в Курске, Орле и Воронеже, описано строительство, открытие и развитие городских электротранспортных сетей, кризис отрасли в Первою мировую и Гражданскую войны, восстановление и стандартизация трамвайных хозяйств в советский период.

ОГЛАВЛЕНИЕ

ВВЕДЕНИЕ

Рост жилищного строительства в городах России в последнее десятилетие требует развития всех элементов городского хозяйства. В соответствии с концепцией долгосрочного развития страны Министерства экономического развития Российской Федерации ежегодный ввод жилья в России к 2020 году достигнет 150-170 млн. м². Такие темпы урбанизации определяют необходимость вложений в городской общественный транспорт, поскольку характер исторического развития городов на всех этапах определялся диалектической взаимосвязью роста города с техническими возможностями средств передвижения. Так же стоит подчеркнуть, что с ростом городов по численности населения и территории в геометрической прогрессии возрастает объем работы городского транспорта, так как вместе с увеличением количества населения растет и его подвижность (среднее количество передвижений, приходящихся на одного жителя), а расширение территории приводит к увеличению средней дальности поездки каждого пассажира.

Современный российский городской пассажирский транспорт обладает следующими характерными чертами: 1) комплексное использование различных видов транспорта с преобладанием автомобильного; 2) разработка проектов создания линий скоростного внеуличного транспорта; 3) обострение «конфликта» между общественным и личным транспортом; 4) усиление транспортной связи крупных городов с тяготеющими к ним населенными пунктами и развитие городских агломераций. В этих условиях актуальным становится перенятие опыта городов Евросоюза по внедрению скоростных видов общественного транспорта: скоростного автобусного (БРТ), легкорельсового (ЛРТ) и тяжелорельсового (ЧРТ). При выборе оптимального варианта решения транспортных задач для конкретных городов особое значение приобретает изучения исторического опыта в данной области. Утверждение новых генеральных планов городов России, предусматривающих в большинстве городов с населением более 100 тыс. чел. строительство легкорельсового транспорта, являющегося модернизацией существующих или восстановлением закрытых систем трамвая, подчеркивает необходимость исследования особенностей становления и развития этого вида транспорта. В этой связи период конца XIX — начала XX вв. приобретает особое значение, так как именно в это время в городах страны появляется электрический трамвай. Обширная территория Российской империи, а впоследствии и РСФСР предопределяла существенные различия в развитии регионов. В этой связи региональный аспект исследования позволяет проследить специфические черты в развитии городов России и их транспортных систем. Исследование истории городского электрического транспорта на территории Центрального Черноземья в период с 1895 года по 1937 год позволит проследить особенности в развитии Курска, Орла и Воронежа и их транспортных систем. И хотя проблемы городского планирования и организации транспортного обслуживания давно находятся в сфере внимания российских историков, по-прежнему не реконструирована целостная картина деятельности транспортных предприятий в городах России. Таким образом, изучение истории городского электрического транспорта в Центральном Черноземье имеет научную и практическую актуальность.

Объектом исследования является массовый транспорт губернских городов Центрального Черноземья.

Предметом исследования является деятельность властных структур, общественных организаций и частных лиц по развитию трамвайного транспорта в Курске, Орле и Воронеже в конце XIX — первой трети XX вв.

Хронологические рамки исследования охватывают период с 1895 года (рассмотрение и утверждение проектов строительства электрического трамвая в Курске и Орле) по 1937 год (создание Главного управления трамвайного хозяйства (Главтрамвай) при Народном комиссариате коммунального хозяйства (НККХ) РСФСР), что позволяет исследовать деятельность городских транспортных предприятий в условиях их самостоятельности в управленческой, эксплуатационной и финансовой деятельности.

Географические рамки исследования охватывают губернские центры Центрального Черноземья: Курск, Орел и Воронеж. К концу XIX в. в Орле проживало 69735 человек, в Курске и Воронеже — 75721 и 86099 соответственно[1]. К концу XIX в. в Орле насчитывалось 150 промышленных предприятий всех видов, 1050 торговых учреждений, в Курске — 79 предприятий и 1210 учреждений, в Воронеже — 131 предприятие и 1219 учреждений.

В городах действовали многочисленные учебные заведения, библиотеки, банки, больницы и лазареты, телеграф, телефонная связь, водопровод, издавались местные газеты и журналы[2]. Перспективы социально-экономического развития губернских городов требовали совершенствования транспортной инфраструктуры.

ИСТОРИОГРАФИЧЕСКИЙ ОБЗОР

Историографию исследования вопроса истории трамвайного транспорта в Центральном Черноземье можно условно разделить на три этапа: дореволюционный, советский и постсоветский. Общей особенностью используемой литературы являлась ее направленность на отражение технико-экономических данных, а сама история трамвайных систем рассматривалась частично.

Первые упоминания о трамвайных системах Центрального Черноземья можно встретить в местных периодических изданиях. Вместе с тем открытие трамвайного движения в Орле описывалось в одном из центральных периодических изданий — Московских ведомостях[3]. А в 1906 году при обсуждении вопроса необходимости организации трамвайного движения в Херсоне в местной газете был произведен комплексный анализ деятельности электрического трамвая в течение 6 лет в Курске[4]. Выбор этого города объяснялся тем, что Курск и Херсон в начале XX в. были схожи по количеству населения и экономическому развитию.

Ряд изданий освещали отдельные показатели деятельности трамвайных предприятий в городах Российской империи: выручку[5], протяженность линий и количество перевозимых пассажиров[6], особенности обеспечивающей инфраструктуры[7], применяемый подвижной состав[8], концессионные обязательства городов[9].

Таким образом, дореволюционная историография темы весьма малочисленна и неоднородна по своему составу.

В советское время издается большое количество литературы, посвященной трамвайному транспорту, рассматривающей данный вид городского пассажирского транспорта с различных точек зрения.

В 20–30-е годы XX в. происходит унификация и стандартизация всех трамвайных систем страны. Наиболее значимыми работами в этой области стали труды Всесоюзной конференции по планировке и строительству городов[10], Всероссийской трамвайной конференции и последующих ежегодных Всероссийских трамвайных съездов[11], где рассматривались вопросы истории строительства практически всех губернских (впоследствии областных) центров, их планировка и транспортное обслуживание населения.

С середины 20-х годов XX века Главное управление коммунального хозяйства НКВД РСФСР совместно со Статистическим отделом НКВД РСФСР начинают издавать подробные специализированные статистических справочники, в которых отражаются различных данные по всем трамвайным системам городов РСФСР к началу 1925[12], 1926[13], 1927[14], 1928-1932[15], 1935[16] годов.

В 1935 году Наркоматом коммунального хозяйства РСФСР издается справочник[17], содержащий подробное описание всех действующих трамвайных хозяйств СССР.

В 30-х годах XX в. также начинают проводиться исследования в сфере проектирования транспортных сетей и организации работы пассажирского транспорта, проводится анализ деятельности городского транспорта в различных городах. Наибольший интерес представляют работы Александрова А.П, Бронштейн Л.А., Полякова А.А.[18], Бергмана М.М.[19], Евтеева В.З.[20], Козеренко Н.П., Герус Л.С.[21], Пешекерова П.К.[22], Полякова А.А.[23], Сосянца В.[24], поскольку в них в качестве объектов рассмотрения выступают трамвайные системы городов РСФСР, в том числе и Центрального Черноземья.

Описание строительства и краткая характеристика работы трамвая в Курске, Орле и Воронеже в 30-х годах XX в. появляется и в региональных изданиях краеведческой направленности[25].

Несмотря на большое количество исследований в транспортной сфере советских городов отечественными учеными в 20–30-е годах, нормативная база, регулирующая деятельность городского трамвая еще не была сформирована. Начавшийся в 1923 году процесс стандартизации трамваев СССР выявил существенные различия в подходе к сбору технико-экономических данных, организации трамвайного движения, обслуживанию путевого хозяйства и подвижного состава на транспортных предприятиях. Процессуальные особенности при работе на трамвайном транспорте и рекомендации для всех работников предприятий данной сферы впервые были обобщены и систематизированы в работе Зильберталя А.Х «Трамвайное хозяйство»[26].

Окончательно все правила и требования к трамвайным хозяйствам городов РСФСР были изложены в официальном специализированном справочном издании Наркомата коммунального хозяйства РСФСР в 1936 году[27].

Роль трамвая в структуре пассажирских перевозок и тесная взаимосвязь городского электрического транспорта с жилищно-коммунальным хозяйством в городах РСФСР впервые была показана и обоснована в справочном издании 1934 года «Жилищное и коммунальное хозяйство и строительство РСФСР»[28].

В 40-е годы XX в. выходит небольшое количество изданий транспортной направленности, освещающих процесс становления советского городского общественного транспорта и его предысторию[29], изменение нормативно-правовой базы и особенности функционирования трамвайных хозяйств в разных городах[30], описание подвижного состава, эксплуатировавшегося в Российской империи в конце XIX — начале XX вв., а также советские стандартные вагоны[31]; рассматриваются варианты организации движения городского транспорта в населенных пунктах РСФСР[32]. В местных периодических изданиях Центрального Черноземья к юбилеям пуска городского электрического трамвая начинают печатать большие статьи, описывающие процесс принятия решения о необходимости организации городской электрической железной дороги, строительство обеспечивающей инфраструктуры, открытие движения, развитие системы и итоги за прошедший период[33].

В 1952 году при поддержке Министерства коммунального хозяйства РСФСР Ржонсницким Б.Н. издается книга, в которой была изложена история возникновения и развития трамвая, подробно описана роль русских ученых и изобретателей в создании электрического транспорта. Так же было дано описание 13 электрических трамваев в России к 1902 году: Киева, Нижнего Новгорода, Курска, Екатеринославля (Днепропетровска), Витебска, Севастополя, Орла, Москвы, Житомира, Казани, Риги, Могилева и Елизаветграда (Кировограда)[34].

В 50-е годы кратко освещались вопросы истории организации трамвайного движения в конце XIX — начале XX вв. Блатновым М.Д. и Юдиным В.А.[35], экономические особенности транспортных предприятий Кудрявцевым А.С.[36], подвижной состав Чертоком М.С.[37].

В 1958 году авторским коллективом в составе Захарика Е.К., Антипова Б.А., Кирсанова С.Н., Колоколовой И.Ю. издается работа, посвященная истории города Орла, где была показана роль трамвая в повседневной жизни города в разное время[38]. В 1975 году издается аналогичное издание Райским Ю.Л.[39] по истории Курска, а в 1981 году — Суворовым В.Г.[40] по истории Воронежа, где также были описаны процессы строительства трамвая в городах и проанализированы первые годы его работы.

В 1961, 1973 и 1974 годах вышли книги, в которых были изложены результаты экономических исследований, связанных с капиталом первых трамвайных предприятий в Российской империи и источников его формирования под авторством Лившина Я.И.[41], Шепелева Л.Е.[42] и Дякина В.С.[43].

Все научные издания, издаваемые в 60-80 годы XX в. Министерством жилищно-коммунального хозяйства РСФСР и проектными институтами включали в себя краткий исторический обзор городского транспорта и динамику пассажирских перевозок в городах Российской империи и РСФСР.

В 1969 году Страментовым А.Е., Сосянцем В.Г. и Фишельсоном М.С. издается книга[44], в которой была сделана попытка провести обобщение и систематизацию всех отечественных исследований в сфере городского транспорта: развитие городского транспорта в Российской империи и СССР, транспортные проблемы городов в различное время, характеристики массового пассажирского транспорта, описание подвижного состава городского массового пассажирского транспорта, его хранения и ремонта; тяговые расчеты и электроснабжение городского электротранспорта, описание легкового и грузового автомобильного транспорта, проектирование систем городского массового пассажирского транспорта и проектирование линий городского пассажирского транспорта.

Исследования научной организации труда на городском транспорте и движения трамвая и троллейбуса, с приведением характеристик их изменений в разные периоды времени проводились в 1969 и 1971 годах Томилиным А.И.[45] и Коссым Ю.М.[46]

В 1975 и 1985 годах Артобольским И.И., Благонравовым А.А.[47] и Аксеновым И.Я.[48] при поддержке Академии наук СССР были изданы работы по комплексному исследованию транспорта в России.

Вопросы значения транспорта в развитии городов и городских агломераций, характеристики транспортных систем в разное время, влияние различных факторов на потребность в транспорте и на начертание транспортной сети, взаимодействие разных видов массового транспорта, а также другие вопросы городского транспорта в обобщенном и систематизированном виде были изложены в учебном пособии по теории городских перевозок в 1980 году Ефремовым И.С., Кобозевым В.М. и Юдиным В.А.[49]

Краткая история обеспечивающей инфраструктуры трамвая и применявшегося подвижного состава была собрана и приведена в справочном издании по городскому электрическому транспорту Пономаревым А.А. и Иеропольским Б.К. в 1981 году[50].

При рассмотрении советской историографии можно выделить ряд особенностей:

— выборочное освещение деятельности транспортных систем городов в дореволюционный период, за счет чего создается впечатление о неэффективной деятельности транспортных предприятий и плохой организации пассажирских перевозок;

— фактическое отсутствие работ, посвященных истории городского электрического транспорта населенных пунктов,

— отсутствие ряда технико-экономических показателей, отражающих себестоимость перевозок, эффективность использования транспортного оборудования, эксплуатационные расходы, суммы балансовой прибыли (убытка) в официальных изданиях;

— отсутствие описания развития городского транспорта в локальных исследовательских работах или краткий обзорный его характер.

Постсоветский (современный) период историографии характеризуется наличием большого числа исследовательских работ различной направленности, детально рассматривающих как отдельные сферы истории городского электрического транспорта, так и общую историю электротранспорта. В связи с этим постсоветскую (современную) историографию можно условно разделить на 5 групп в зависимости от предмета исследования:

1) работы, посвященные экономическим исследованиям трамвайного дела в Российской империи, были проведены Васильевой Л.В.[51], Вирютиным А.А.[52], Караваевой И.В. и Мальцевым В.А.[53];

2) исследования типов подвижного состава, эксплуатировавшегося в конце XIX — начале XX вв. были осуществлены Кирсановым А.И.[54] и Курихиным О.[55] в соавторстве с Розалиевым В.В.;

3) работы по общей истории развития трамвайного транспорта на территории Российской империи, РСФСР и Российской Федерации были проведены Семеновым Н. М.[56], Туровской Л.Т.[57]; особое внимание стоит уделить энциклопедии ГЭТ под редакцией Коссого Ю.М.[58], в которой содержится информация о наземном электрическом общественном транспорте в городах бывшей Российской империи, республик бывшего СССР и современной Российской Федерации; в ней подробно рассмотрены вопросы географической характеристики, основные сведения по истории городов и предприятий городского электрического транспорта (эксплуатационные, ремонтные, научные и др.), некоторые статистические данные;

4) исследования вопросов эксплуатации и особенностей управления транспортными предприятиями в разное время были отражены в работах Квитчука А.С.[59], Семенова Н.М.[60], Розалиева В.В.[61];

5) работы по локальной истории городов Центрального Черноземья и истории трамвайного транспорта в них имеют особую важность для данного исследования, наиболее важными являются публикации результатов исследований Терещенко А.А.[62], Сидорова А.Д.[63], Гаврикова Ф.А.[64], Ковалевой М.В.[65], Лавицкой М.И.[66], Тархова С.А.[67], Савченко А.[68], Семенова Н.М.[69], Фурсова А.А.[70], Носкиной В.С.[71] и Лысенко А.И.[72].

После изучения постсоветской (современной) истории следует отметить, что большинство изданных работ либо узкоспециальные (исследования Розалиева В.В., Кирсанова А.И. и др.), либо напротив обобщенные, охватывающие большие временные промежутки (исследования Семенова Н.М., Туровской Л.Т. и др.) из-за чего трамвайные системы Центрального Черноземья рассматриваются как одни из многих электротранспортных систем, составляющих отрасль городского пассажирского электрического транспорта в транспортной системе государства, без их подробного рассмотрения. Работы по локальной истории Центрального Черноземья в большинстве своем рассматривают трамвайные системы городов как одну из частей инфраструктуры города, давая им краткую характеристику. Книги и публикации, выходившие к юбилеям пуска трамвая в городах, характеризуются рассмотрением только хронологии развития трамвайной сети, описанием подвижного состава, изложением воспоминаний работников, благодаря чему история электротранспорта представляется как набор фактов без составления общей исторической картины становления и развития трамвая в городах.

Таким образом, историографический обзор показал, что, несмотря на значительное количество работ, так или иначе затрагивающих проблему истории трамвайного транспорта в конце XIX — первой трети XX вв. в Центральном Черноземье, многие ее аспекты нуждаются в дальнейшей разработке, а результаты узкоспециальных исследований требуют обобщении и систематизации. Всё этого говорит о необходимости проведения комплексного и всестороннего исследования проблемы становления и развития трамвайного транспорта в городах Центрального Черноземья.

ГЛАВА 1

СОЦИАЛЬНО-ЭКОНОМИЧЕСКИЕ ФАКТОРЫ ЗАРОЖДЕНИЯ ТРАМВАЙНОГО ДЕЛА

§ 1.1 Эволюция хозяйственной жизни губернских городов региона

Появление первых крупных поселений на территории Центрального Черноземья происходит в XI — XII вв.: Курск — 1032 год.[73], Воронеж — 1177 год[74]. Выделение этих населенных пунктов происходит благодаря прохождению через них торговых путей и определивших их первую специализацию. Дальнейшее развитие поселений и, в частности, увеличение численности населения связано с преобразованием их в оборонительные крепости для защиты Киевской Руси, а впоследствии Русского царства от набегов половцев, крымских и ногайских татар. Первая крепость была возведена в Курске в 1095 году[75]. Орёл изначально был основан как крепость по указу Ивана Грозного в 1556 году[76]. Воронежская крепость была основана в 1585 году[77].

С XVIII в. Курск, Орел и Воронеж помимо военных крепостей становятся и административными центрами губерний. Воронежская губерния была обозначена в 1725 году[78] при переименовании Азовской губернии после смерти Петра I. Орловская губерния была учреждена в 1778 году[79], Курская — в 1779 году[80]. На протяжении XVIII в. военная специализация с городов постепенно снималась, и они переквалифицировались в торгово-ремесленные поселения.

Аграрная специфика Центрального Черноземья и прохождение торговых путей через регион способствовали усиленному развитию торговли и промышленности в губернских городах. Благодаря развитию хлеботорговли в XVIII в.[81] и прокладке железнодорожных путей в XIX в. через Курск, Орел и Воронеж происходит значительный толчок в развитии губернских городов[82], и они становятся региональными экономическими центрами Центрального Черноземья[83]. Несмотря на наличие благоприятных условий, присутствие сильной конкуренции с южными районами страны в торговле сельскохозяйственной продукцией и остатки крепостничества в самом сельском хозяйстве вызывали ощутимую задержку экономического развития городов. Малоземелье, высокая арендная плата помещикам на землю вынудили часть населения губерний стать сельскохозяйственными рабочими или наёмными рабочими на фабриках, заводах, железной дороге. Образовалось большое предложение наемного труда, которое превысило максимально возможный спрос на рабочую силу предприятий Центрально Черноземья, и началась эмиграция населения сначала в губернские города, а затем в Москву, Харьков, Донбасс и другие промышленные центры[84].

Согласно переписи 1897 года к концу XIX в. в Орле проживало 69735 человек, в Курске и Воронеже — 75721 и 86099 человек соответственно. Основу городского населения составляли представители трех сословий: крестьяне (в Орле 44% от общего числа жителей, в Курске 53%, в Воронеже 50%), мещане (в Орле 38% от общего числа жителей, в Курске 33%, в Воронеже 32%) и дворяне (в Орле, Курске и Воронеже 9% от общего числа жителей)[85].

Отраслевая структура хозяйства в губернских центрах Центрального Черноземья характеризовалась преобладанием сферы материального производства: промышленности, подсобного сельского хозяйства, транспорта, торговли и общественного питания. В производстве преобладал ручной труд, рабочий день длился от 12 до 14 часов, отсутствовала охрана труда и социальная защита (государственное страхование, пособие по болезни, пенсия по старости и др.)[86].

В Орле к концу XIX в. насчитывалось 150 промышленных предприятий (фабрик и заводов), самыми крупными из которых являлись 3 салотопенных, 5 мыловаренных заводов, 2 сальносвечные фабрики, костопальный и свечно-восковой заводы. Общий годовой оборот промышленных предприятий города составлял 1136303 руб. Торговых учреждений в Орле насчитывалось 1050, среди которых было 46 крупных магазина[87]. Преобладание производственной сферы отражалось на занятости большей части населения города: 12% жителей (8120 чел.) являлись рабочими, поденщиками и прислугой, 11,5% населения города (8047 чел.) были заняты в сфере торговле, 10% жителей

(6663 чел.) работали на железной дороге, 9% горожан (6154 чел.) получали доходы от капиталовложений и недвижимого имущества, 8% (5462 чел.) от общего числа жителей являлись представителями вооруженных сил, 7% населения города (4682 чел.) занимались изготовлением одежды[88]. Вместе с тем непроизводственная сфера хозяйства так же была представлена в Орле в конце XIX в. довольно разнообразной социальной инфраструктурой. В городе действовали водопровод (с 1862 года)[89], трамвайное сообщение (с 1898 года)[90], телеграф (с 1858 года), телефонная связь (с 1882 года)[91],15 больниц, 3 банка, 32 образовательных учреждения, 3 библиотеки, метеорологическая станция (с 1842 года), 8 общественных организаций, издавалось 4 газеты[92].

Хозяйственная жизнь Курска была схожа с жизнью Орла, в ней так же преобладала производственная сфера, включавшая разнообразные отрасли как непосредственно создающие материальный продукт, так и связанные с продолжением процесса производства в сфере обращения. В 1892 году в городе действовало 79 промышленных предприятия, самыми крупными из которых являлись свечно-восковой завод, 5 паровых мукомолен, 3 водочноперегонных завода, табачная фабрика, пенькотрепальный, кожевенный, 6 мыловаренных, дрожжевой, 2 пиво-медоваренных и чугунный заводы. Общий годовой оборот промышленных предприятий составлял 1936756 руб.[93]. Торговых учреждений насчитывалось 1210, среди которых было 60 крупных магазина[94]. Среди общей занятости населения города наибольшими группами являлись рабочие, поденщики и прислуга (13% или 9509 чел.), работники сферы торговли (12% или 8922 чел.), ремесленники, занимающиеся производством одежды (10% или 7319 чел.); военнослужащие (8% или 6235 чел.), земледельцы (6,5% или 4915 чел.), горожане, получающие доходы от капиталовложений и недвижимого имущества (6% или 4605 чел.); сотрудники железной дороги (6% или 4472)[95]. Непроизводственная сфера Курска в конце XIX в. отличалась большим числом различных образовательных учреждений, которых в общем итоге насчитывалось 40[96]. Так же в городе действовали 6 библиотек, 9 банков, больница и военный госпиталь. С 1874 года в центре города функционировал водопровод, в 1898 году было организовано трамвайное сообщение, в 1858 году открыт телеграф, в 1891 году проведена телефонная связь[97], в 1833 и 1896 годах открыты две метеорологические станции, в городе действовало 9 общественных организаций, издавалось 4 газеты[98].

Хозяйственная жизнь Воронежа в течение всего XIX в. претерпевала значительные изменения. Благодаря наличию торгового судоходства в начале века город являлся крупным торговым центром из-за чего развитие производственных отраслей в городе было очень незначительное. Однако в течение 100 лет произошло значительное измельчание рек, в результате судоходство практически прекратилось, произошло резкое снижение оборотов торговой деятельности[99]. Промышленность в Воронеже была слабо развита, в городе насчитывалось 131 предприятие, специализирующееся на переработке продукции сельского хозяйства: мельницы, салотопенные, маслодельные, мыловаренные и кожевенные заводы. Общий оборот промышленных предприятий города в течение года составлял 1248548 руб.[100]. В структуре занятости населения Воронежа выделялись 2 крупные области приложения труда: рабочие, поденщики и прислуга (11395 чел. или 13% от общего числа жителей) и торговля (9178 чел. — 11%). Среди остальных сфер занятости значимыми являлись изготовление одежды (7145 чел. — 8%), железная дорога (6482 — 8%), получение доходов от капиталовложений и недвижимого имущества (5335 чел. — 6%), обработка металлов (4520 чел. — 5%), получение средств от казны, работа в общественных учреждений и благотворительных обществах (3382 чел. — 4%), строительство, ремонт и содержание жилья (3346 чел. — 4%)[101]. Социальная инфраструктура Воронежа в конце XIX в. характеризовалась наличием 53 учебных заведений различной направленности (светские, духовные и военные), 2 библиотек, 3 банков, 5 больниц и военного лазарета. В городе действовали телеграф (с 1860 года), телефонная связь (с 1884 года), водопровод (с 1869 года), конно-железная дорога (с 1881 года), издавались 4 газеты и 2 журнала[102].

В 1910–1912 годах в Центральном Черноземье наблюдается рост промышленности, в городах открываются винокуренные заводы, заводы по обработке металлов, мельницы и другие предприятия.

Во время Первой Мировой войны (1914–1917 годы) в регионе происходит экономический спад: сокращение объемов производства и торговли. Так, например, сельскохозяйственное машиностроение сократилось по сравнению с 1913 годом в 1916 году в 2, а в 1917 — в 3 раза[103]. Это объяснялось призывом в армию трудоспособной части взрослого населения, временным перепрофилированием гражданских производств, увеличением налоговой нагрузки и обязательными поставками необходимых товаров для войск[104].

В 1916 году Курск, Орел и Воронеж поразил топливный кризис. Все имевшиеся запасы угля и нефтепродуктов направлялись на работавшие фабрично-заводские предприятия, выпускавшие оборонную продукцию. Мелкая промышленность, торговля и на нужды населения не требовалось большого количества угля, но была очень сильная зависимость от регулярности его поставок, которая была нарушена. В итоге это привело к росту безработицы и ухудшению коммунального обслуживания домов[105].

В конце второго десятилетия XX в. в городах Центрального Черноземья устанавливается Советская власть. В Орле 25 ноября 1917 года, в Курске 26 ноября 1917 года, в Воронеже 30 октября 1917 года[106]. Последовавшая за этим Гражданская война, принесшая в города голод, болезни и террор, а так же массовую эмиграцию населения, вызвала существенное снижение его численности. Спад промышленного производства оценивается от 4 до 20% по различным отраслям от уровня 1913 года[107].

В 1923 году проводится Всесоюзная перепись городского населения, а в 1926 году — Всесоюзная перепись населения СССР. Согласно им самым крупным городом в Центральном Черноземье являлся Воронеж с населением 92083 чел., за ним следовал Курск — 85546 чел. и Орел — 73147 чел.[108]. В переписи 1923 года достаточно подробно было указан род занятий жителей городов, однако вначале 1920-х гг. была только начальная стадия восстановления производства и хозяйственной жизни городов. В таблице 1.1.1 представлены данные о занятости населения городов в это время.

Анализ таблицы показывает, что в губернских центрах занятость в промышленности, в среднем по Центральному Черноземью не превышала 3,5%, а при сравнении с общим показателем по Европейской части РСФСР, составляющим 17%, можно отметить существенную отсталость развития фабрично-заводских производств. Однако при сравнении показателей занятости в государственных учреждениях, торговли и на транспорте (в центрах Центрального Черноземья преимущественно железнодорожном) значение показателей в городах близко к общероссийским. Это возможно объяснить унификацией штатов на железнодорожных станциях и общностью административных и торговых функций, одинаково выполняемых всеми городами РСФСР.

Высокий процент занятости населения городов в железнодорожной отрасли объясняется наличием крупных железнодорожных предприятий — мастерских, депо, которые были необходимы для поддержания плотной сети железных дорог. Располагались такие предприятия, в основном, в крупных железнодорожных узлах: станции Курск, Орел и Воронеж.

Таблица 1.1.1. Численный состав населения губернских центров Центрального Черноземья по родам занятости (по состоянию на 1923 год)[109].

Города	Общее население	Занятость населения				
		Промышленность	Транспорт	Гос. учреждения	Торговля	Сельское хозяйство
Воронеж	92083	2670	7827	10129	4328	34071
%	100	2,9	8,5	11,0	4,7	37,0
Курск	85546	2994	190645	161221	41900	392086
%	100	3,5	7,8	14,7	7,2	33,0
Орел	73147	2121	7827	11777	5120	13166
%	100	2,9	10,7	16,1	7,0	18,0
Все города европейской части РСФСР	5033059	874180	438276	815708	279366	505046
%	100	17,4	8,7	16,2	5,6	10,0

Концентрация железнодорожных линий в Центральном Черноземье была значительно выше, чем в среднем по Европейской России: на тысячу квадратных километров земли приходилось 25,7 км железнодорожных линий, в то время как в среднем по Европейской части России этот показатель составлял 12,6 км[110].

Помимо представленных в таблице данных, в материалах всесоюзной городской переписи 1923 года присутствовала графа «остальные занятия», куда было занесено значительное число жителей городов Центрального Черноземья — 155351 чел. К этой категории относились военнослужащие, пенсионеры, иждивенцы, лица, находящиеся в местах лишения свободы; безработные, больные, граждане без определенных занятий (разнорабочие) и др. Стоит отметить, что в эту же категорию были отнесены лица занятые в мелкой и кустарной промышленностях. Поэтому по результатам переписи нельзя сказать о состоянии этих видов промышленности в регионах.

Так же анализ таблицы 1.1.1. показывает о большом, почти двукратном, преобладании в составе самодеятельного населения Курска и Воронежа категории лиц, занятых в сельском хозяйстве. В 1923 году они составляли в городах региона до 30%, в то время как среднероссийский показатель не превышал 12,5. Наличие значительного процента сельскохозяйственной занятости можно объяснить преобладанием в экономике региона отраслей переработки продуктов сельскохозяйственной промышленности: сахарной свеклы, подсолнечника, конопли, картофеля, зерна, табака и пр., которые не являлись завозными, а производились на территории Центрального Черноземья. Поэтому большинство промышленных предприятий были расположены не в городах (там располагалось лишь 29% фабрик и заводов[111]), а непосредственно вблизи источников сырья в сельской местности. Это было обусловлено тем, что скоропортящиеся продукты сельскохозяйственного производства не выдерживали длительных перевозок и хранения, поскольку теряли свои товарные качества.

Из губернских центров самым крупным промышленным центром являлся Воронеж — 9,3% самодеятельного населения которого было занято в промышленности, что вдвое превышало показатели Курска и Орла[112]. Вместе с тем на всех предприятиях в Центральном Черноземье преобладал ручной труд, и они относились к числу наименее современных в России[113].

В течение 1921–1926 годов шло активное восстановление промышленности, разрушенной во время Первой мировой и Гражданской воин. В это же время шло широкое распространение социалистической культуры, велась борьба за ликвидацию неграмотности населения.

Восстановление и расширение началось и в городском хозяйстве городов.

В Курске происходили изменения в коммунальном секторе: началось установка опор электрического освещения на нецентральных улицах города, в 1924 году было восстановлено трамвайное движение и произведен капитальный ремонт водопровода, а также произведено расширение его сети . Городу требовалось большее количество водных ресурсов, поэтому в 1927 году началось бурение новых артезианских скважин[115].

Так же в 20-е годы в Курске получает развитие отсутствовавшее до этого среднее профессиональное образование. В 1923 году открылось педагогическое училище, а в 1921 году — землеустроительно-мелиоративный техникум[116].

В Воронеже в 1921 году был открыт Воронежский губернский рабоче-крестьянский коммунистический университет[117], в 1926 году — Воронежский ветеринарный институт, в 1929 году преобразованный в Воронежский зоотехническо-ветеринарный институт[118].

В 1927 году был открыт Воронежский областной музей революции[119].

В Орле в 1921 году был основан Орловский Высший педагогический институт. Однако, в отличие от ВУЗов открываемых в других центрах Центрального Черноземья, Орловский Высший педагогический институт был создан преобразованием Орловского государственного университета в виду недостаточных средств для финансирования большого количества ВУЗов. В 1922 году Высший педагогический институт был преобразован в педагогический техникум[120].

В 1926–1927 годах проходит множество работ по облагораживанию городской территории Орла с привлечением большого количества человек[121]. Был произведен ремонт и устройство новых мостовых и дамб, очистка берегов рек, заготовка камня и т.д.[122]. В частности, были замощены ул. Пеньевская, левый берег реки Орлик, сооружены дамбы у Красного моста, построен мост в Лепешкинском переулке и др.[123].

В 1928 году в Орле первым в Центральном Черноземье был полностью решен вопрос улучшения обеспечения города электроэнергией для чего была проведена масштабная реконструкция городской электростанции, на Воздвиженской площади было построено новое здание, в котором были размещены 7 дизельных установок с общей мощностью 3380 л.с.[124].

В 1920-е годы в городах Центрального Черноземья начинается радиовещание: первая радиовещательная станция для вещания на длинных и средних волнах была открыта в Воронеже в 1925 году, в 1926 году в Курске и в 1928 году в Орле[125].

Восстановление городского хозяйства включало в себя и решение транспортного вопроса. Так в 1922 году в Орле[126] и в 1924 году в Курске[127] было восстановлено трамвайное движение, остановленное в 1919 году. В 1926 году в Воронеже было открыто движение электрического трамвая вместо закрытой в 1922 году конно-железной дороги[128].

После XIV съезда партии 1929 года (съезда индустриализации) темпы развития промышленности были увеличены, в том числе и в Орле, Курске и Воронеже.

Однако относительные размеры производства промышленности городов были невелики. В Орле основную массу фабрично-заводской продукции составляли технологическое оборудование и запасные части для кожевенно-обувной промышленности, технологическое оборудование для текстильной промышленности; в Курске — изделия легкой и пищевой промышленности, в Воронеже — продукция тяжелого и среднего машиностроение[129].

В 1928 году по постановлению Совета народных комиссаров РСФСР и Всероссийского центрального исполнительного комитета были ликвидированы Курская, Орловская и Воронежская губернии. На их территории и территории бывшей Тамбовской губернии была учреждена Центрально-Черноземная область с центром в городе Воронеж[130]. До 1930 года города Курск и Орел являлись центрами округов, на которые была разделена область[131]. В 1930 году все округа были ликвидированы, а статус их центров понижен до самостоятельной административной единицы, находящейся в непосредственном подчинении областному центру Центрально-Черноземной области[132]. В 1934 году область была разделена на две: Воронежскую (территории бывших Воронежской и Тамбовской губерний) и Курскую (территории бывших Курской и Орловской губерний)[133]. В 1937 году из

Курской области была выделена Орловская область с центром в городе Орле[134].

В 30-е годы XX в. происходит окончательная ликвидация частной собственности в промышленности и торговле городов Центрального Черноземья[135].

В начале 30-х годов начинается благоустройство большинства городов РСФСР и развитие городской коммунальной сферы.

В Курске были заасфальтированы центральные улицы и привокзальная площадь. В 1934 году была запущена первая очередь новой электростанции (ТЭЦ-4)[136]. Уличное освещение доходит до окраин города. К 1936 году длина электросети составляла 120 км, при общей длине улиц 131 км.[137]. В этом же году трамвайная линия была проложена до Ямского вокзала, в 1940 году — через площадь Добролюбова к улице Энгельса. В 1940 году водопроводная сеть увеличилась до 98,9 км, была запущена новая телефонная станция[138].

В 1934 году в Воронеже была заасфальтирована главная улица города — проспект Революции. Воронеж выполнил обязательство, принятое в начале года на конференции 14 городов (Воронеж, Горловка, Горький, Иваново, Липецк, Минск, Ростов, Свердловск, Смоленск, Сталинград, Старый Оскол, Тамбов, Тула и Шахты) по городскому благоустройству. А годом ранее: в 1933 году, была введена в строй Воронежская ГРЭС, решившая вопросы электроснабжения Воронежа и ряда населенных пунктов Воронежской области[139]. До наступления зимы асфальтом была покрыта проезжая часть проспекта Революции по обе стороны от трамвайной линии. В 1938 году было открыто движение по новому мосту-путепроводу (виадуку) на Плехановской улице над линией железной дороги[140].

Преобразование городского хозяйства происходило и в Орле. К началу 30-х годов была произведена реконструкция орловского железнодорожного узла[141]. В 1931–1932 годах в Орле производились строительные работы по сооружению уличных коллекторов канализации, устройство дренажа и расчистка ручьёв Пересыханка, Ленивец и Зеленый ров. В 1934 году был разбит большой сквер на Комсомольской площади[142]. В 1938 году началась перешивка трамвайной колеи в городе, заасфальтированы ул. Московская, Кооперативная, частично пл. Комсомольская и Маркса[143].

Ощутимое развитие в городах Центрального Черноземья получает высшее профессиональное образование после принятие второго пятилетнего плана в 1932 году, предусматривавшего завершение ликвидации неграмотности и малограмотности населения, широкое развитие системы дошкольного воспитания и массовых политико-культурно-просветительных учреждений, обеспечение качества и фундаментальности подготовки специалистов высшей школы.

В 30-е годы в Курске открываются первые высшие учебные заведения: в 1934 году — Курский педагогический институт, в 1935 году — Курский государственный медицинский институт, в 1936 году — областная библиотека. В 1935 году была открыта картинная галерея[144].

В Воронеже в 1930 году были открыты Воронежский государственный медицинский институт имени Бурденко Н.Н.[145], Воронежский инженерно-строительный институт[146], Воронежский химико-технологический институт[147] и Воронежский лесохозяйственный институт[148], в 1931 году — Воронежский государственный педагогический институт[149].

В Орле в 1931 году был открыт Орловский индустриально-педагогический институт[150], реорганизованный в 1932 году в Орловский государственный педагогический институт[151]. В 1938 году на базе Центральной городской библиотеки была открыта Центральная библиотека Орловской области[152].

Так же в начале 30-х годов XX в. для воспитания кадров, проводящих культурно-просветительскую работу, действовали несколько средне специальных учебных заведений: музыкальные техникумы (по одному в Курске, Орле и Воронеже), художественные техникумы (по одному в Орле и Воронеже)[153].

Для подготавливаемых специалистов начали открываться театральные площадки.

В 1932 году в Воронеже был открыт Молодой театр, в 1931 году — Воронежский театр музыкальной комедии, в 1932 году — Театр юного зрителя; в 1934 году в Курске был открыт первый Драмтеатр, труппа для которого была собрана из воронежских артистов (в 1928 году Курск перестал являться губернским центром, поэтому существовавшая в то время труппа была расформирована). Орел был единственным городом в Центральном Черноземье, в котором функционировал без перерывов театр с 1821 года. Репертуар театров носил пропагандистско-агигатационную направленность. В 1933 году удельный вес советских пьес в репертуарах театров Центрального Черноземья составлял 65%, классических — 25%, переводных — 10%[154].

Так же в соответствии со вторым пятилетнем планом в 83 крупных городах СССР должны были быть внедрены новые виды общественного транспорта путем организации автобусного движения в дополнение к действующим электрическим трамвайным системам и конно-железным дорогам. Городские центры Центрально-Черноземного региона попали в данный перечень[155].

Первым городом в Центральном Черноземье, где было запущено регулярное автобусное движение, стал Воронеж. Реализуя также и городской план по развитию транспортного облуживания, имевший целью «разгрузку трамвая и обслуживание окраин», было открыто автобусное сообщение для чего через Народный комиссариат путей сообщения (НКПС) в 1933 году были приобретены 4 автобуса «ГАЗ-03-30». В 1934 году было создано трамвайно-автобусное предприятие (входившее в коммунальный трест), которому дополнительно городом были куплены еще 4 автобуса и еще один в 1935 году[156].

В 1934 году в Орле была создана автотранспортная контора, входившая в трест Орловский городской трамвай. Для конторы были приобретены через НКПС 2 автобуса «ГАЗ-03-30», после чего в городе 18 ноября были открыты 2 автобусных маршрута: № 1 «Вокзал — Улица Привокзальная — Улица Московская — Улица Кооперативная — Улица Комсомольская — Переулок Володарский — Улица Садовая — Улица 2-ой Коммуны» и № 2 «Вокзал — Улица Привокзальная — Улица Московская — Улица Кооперативная — Улица Комсомольская — Переулок Володарский — Улица Сакко и Ванцетти». Хранились автобусы в мастерских трамвая. Несмотря на нехватку транспорта в городе, автобусы ходили полупустыми, поскольку плата за проезд в них была почти в 3 раза дороже, чем в трамвае[157].

В Курске регулярное городское автобусное сообщение так же было открыто в 1934 году. Заниматься транспортным обслуживанием с использованием автобусного транспорта было поручено трамвайному тресту. Два автобуса «ГАЗ-03-30», купленные через НКПС, 15 ноября открыли движение по маршруту № 1 «Красная площадь — Ямской вокзал». В сентябре

1935 года город купил еще 2 автобуса той же модели, благодаря чему был открыт маршрут № 2 «Красная площадь — Станция Рышково»[158].

К концу 30-х годов XX в. Курск, Орел и Воронеж представляли собой крупные аграрно-индустриальные центры. Численности населения на 17 января 1939 года составляла в Воронеже — 326836 чел., в Курске — 119972 чел., в Орле — 110567 чел.[159].

Благодаря проведению политики индустриализации, в областных центрах появилось большое число промышленных предприятий различной направленности. В Курске был введен в строй химико-фармацевтический завод, велось строительство завода синтетического каучука. Производилась реконструкция завода текстильного машиностроения и шпагатной фабрики[160]. В Воронеже строились 2 завода для синтеза толуола: завод № 2 Наркомата черной металлургии и завод № 3 «Нефтегаз», возведение которого считалось одной из ударных строек СССР[161]. В Орле были реконструированы завод текстильного машиностроения[162] и завод им. Медведева, запущен завод № 5 (производство оборудования техники безопасности для горной и химической промышленности)[163].

По развитию отраслей промышленности можно отметить специализацию городов. В Воронеже большое развитие получила тяжелая промышленность, металлообработка и машиностроение, в Курске — пищевая промышленность, в Орле — среднее машиностроение.

Рост численности населения городов и масштабное строительство промышленных предприятий на окраинах городов приводили к необходимости строительства вылетных линий общественного транспорта из центра города, где проживало большинство населения, к пригородам, где размещались новые производства и находились крупные стройки. Так же линии городского транспорта были необходимы для связи рабочих поселков с центрами городских агломераций для обеспечения доступа рабочих к культурно-бытовым, развлекательным и другим сооружениям городской инфраструктуры. Для решения этой проблемы в городах Центрального Черноземья проходила прокладка линий городского электрического трамвая и запуск автобусного сообщения.

К концу 1930-х годов в Курске протяженность трамвайных линий составляла 15,6 км, в Орле — 21,7 км, в Воронеже — 51,7 км в двухпутном исчислении. В Курске и Орле действовало 4 маршрута трамвая, в Воронеже — 11[164].

Несмотря на запуск в середине 30-х годов автобусного сообщения небольшой парк машин и их средняя вместимость, а так же высокие эксплуатационные расходы, не позволявшие сделать низким стоимость проезда, сказались на небольшой доле пассажирских перевозок автомобильным транспортом в городах. Основную массу пассажиров по-прежнему перевозил трамвай. Так к концу 1937 года трамваем было перевезено в Курске — 18,383 млн. чел., в Орле — 11,246 млн. чел., в Воронеже — 57,085 млн. чел.[165].

На основании вышеизложенного можно сделать выводы, что города Центрального Черноземья с момента своего образования до конца 30-х годов XX вв. имели две основные специализации, оказавшие влияние их на социально-экономическое развитие: военно-оборонительную и аграрную. Первая специализации в связи с расширением территории государства с губернских центров была снята, а вторая оказала влияние на отсталость развития промышленности и его узкую специализацию. Благодаря выгодному географическому расположению через Курск, Орел и Воронеж проходили многочисленные торговые маршруты и железные дороги, что также повлияло на специализацию имевшихся небольших промышленных предприятий в городах на сосредоточении производства средств потребления из привозного сырья. Отсутствие крупных объектов налогообложения отражалось в низких бюджетах губернских центров и не развитости социальных сфер, в том числе и коммунальной, к которой относится городской электрический транспорт.

Февральская и Октябрьская революции 1917 года и Гражданская война нанесли удар по экономике Черноземного региона, что привело к спаду промышленного производства, росту инфляции, топливному кризису, остановке городского транспорта и общей социальной напряженности.

Восстановление Курска, Орла и Воронежа в 20-е годы и активный рост экономики Центрально-Черноземной области в 30-е годы XX века происходил при непосредственном влиянии и оказании помощи федеральным центром РСФСР. Начавшийся с

1929 года процесс индустриализации позволил быстро нарастить объем промышленного производства в Курске, Орле и Воронеже, начать решать вопросы безработицы, обеспечения рабочих жильем, развивать коммунальную сферу городов и общественный транспорт.

§ 1.2 Развитие инженерно-технической мысли и предпринимательства в сфере транспорта

Развитие общественного транспорта начинается с XVII в., когда рост больших городов стало сдерживать отсутствие массовых средств передвижения жителей. Всю историю общественного транспорта принято разделять на четыре периода в зависимости от характера применявшейся тяги и типа путевых устройств.

Первый период (последняя четверть XVII в. — середина XIX в.) характеризуется применением гужевой тягловой силы на обычных для того времени дорогах. За счет небольшого спроса на передвижения в небольших городах такой вид транспорта полностью покрывал все потребности жителей.

Второй период (середина — конец XIX в.) характеризуется активным развитием индустрии и ростом городов, достигавшими в линейных размерах 10–20, иногда 30 км. Значительно усилились пассажиропотоки, составлявшие 5–10 тыс. пассажиров в час в одном направлении. Развитие транспортных средств связано с внедрением и использованием железнодорожных рельсовых путей при сохранении гужевой тягловой силы. В последнюю четверть XIX в. производились попытки использования других видов тяги для приведения в движение транспортных средств: паровой (паровой трамвай в Луисвилле, паровой метрополитен в Лондоне), электрической, бензомоторной (дизельной), канатной (канатный трамвай в Сан-Франциско).

Третий период (конец XIX — первая треть XX вв.) характеризовался дальнейшим весьма быстрым ростом городов и широким распространением электрического рельсового транспорта на улицах городов и электрическим метрополитеном на внеуличных магистралях, вытеснившими гужевой, паровой и бензомоторный транспорт. В это же время появляется автомобильный транспорт, но только в виде прототипов, опытных и малосерийных экземпляров.

Четвертый период (первая четверть XX в. — настоящее время) характеризуется развитием индивидуального автомобильного транспорта и массового автобусного транспорта, который за несколько десятилетий стали вытеснять трамвайный транспорт. В крупных городах населением свыше 1 млн. человек высокую роль стали играть различные варианты внеуличного скоростного транспорта (метрополитен, HRT) или использование массового транспорта на выделенных линиях (BRT, LRT)[166].

В данной работе мы рассмотрим конец второго и третий периоды, поскольку именно в это время происходит появление и широкое распространение электрических трамвайных систем.

Первым транспортным средством, на котором был применен электрический привод, стала моторная лодка. В 1838 году русский физик, академик Петербургской Академии Наук Якоби Б.С. установил электрический двигатель собственной конструкции на лодке в Санкт-Петербурге и после недолгих испытаний в 1839 году стал перевозить пассажиров по Неве. Скорость движения лодки была невысокой: около 4,27 км/ч против течения, из-за того, что у достаточно мощного двигателя отсутствовал источник питания достаточной мощности. Якоби Б.С. использовал большое количество гальванических батарей, которые имели не малые размеры и вес и высокую стоимость. Это заставило физика искать другие возможные варианты использования электрического привода на транспорте[167].

В 1879 году русский инженер и изобретатель Пироцкий Ф.А., разрабатывая теорию о возможности передачи электроэнергии на большие расстояния без потерь за счет применения проводников с большой площадью поперечного сечения (на примере рельсов), формализовал идею о возможности приведения железнодорожных вагонов в движение за счет установки на них электродвигателей и подачи электроэнергии по рельсовому пути[168].

В том же 1879 году, опираясь на исследования Пироцкого Ф.А., немецким инженером фон Сименсом Э.В. была построена экспериментальная демонстрационная железнодорожная линия, которая была представлена в Берлине на Всемирной промышленной выставке. По железнодорожному пути длинною 500 м двигался со скоростью 12 км/ч электрический локомотив с тремя вагонами. Для подачи электроэнергии локомотиву использовался третий рельс. Эта демонстрационная линия во многих публикациях считается отправной точкой развития рельсового электрического транспорта. Однако, демонстрационная линия фон Сименса Э.В. так и осталась лишь демонстрационной, поскольку самостоятельно исправить ее недостатки: высокую стоимость строительства, большие токоутечки, сложность использования на расстояниях больше 1 км — фон Сименс Э.В. не смог[169].

Тем временем Пироцкий Ф.А. продолжал разработку своей теории о передаче электроэнергии и стал параллельно разрабатывать второе направление исследований: электрические железнодорожные линии.

26 марта 1880 года Пироцкий Ф.А. на Первой мировой электротехнической выставке в Санкт-Петербурге представил схему устройства электрической железнодорожной линии, перечень необходимого оборудования и особенностей укладки рельсового пути.

В августе 1880 года Пироцкий Ф.А. начал строительство экспериментальной электрической трамвайной линии в Санкт-Петербурге. Около Рождественского парка была проложена железнодорожная линия с изолированными от шпал и костылей рельсами. Рельсы на стыках были соединены медными прокладками. На территории парка была построена электростанция с генератором мощностью 4 л.с., а позднее 6 л.с. В качестве моторного вагона был выбран один из вагонов 2-го Общества конно-железных дорог в Санкт-Петербурге (вес вагона с пассажирами составлял 6,5–7 т). К раме вагона был подвешен электродвигатель, приводивший в действие ведущую ось через двухступенчатую зубчатую передачу. Мощность электродвигателя вагона составляла 4 л.с. шунтового возбуждения с 600 об/мин. Поскольку токосъем должен был производиться посредством бандажей колесных пар, то они были изолированы от вагонных осей.

Демонстрационная поездка электрического трамвайного вагона состоялась 22 августа 1880 года в 12 часов дня. Трамвайный вагон с пассажирами двигался со скоростью 10–12 км/ч[170].

Эксперименты с электрическим трамвайным вагоном продолжались до 16 сентября 1880 года. Однако, трамвай Пироцкого Ф.А. не вызвал интереса у российских транспортных компаний. 2-е Общество конно-железных дорог Санкт-Петербурга, на чьих путях производились эксперименты с электрическим приводом вагона, мотивировало отказ о его применении в регулярной эксплуатации высокой стоимостью электрификации и затратами на последующее содержание инфраструктуры электрического трамвая[171]. После получения отказов Пироцкий Ф.А. произвел экономическое обоснование использования городских электрических железных дорог: «...при эксплуатации конной тяги суточный расход на фураж 6 лошадей обходился в 4 руб. 50 коп. (вместе с жалованием конюху), при эксплуатации электрической тяги содержание 6 паровых сил в течение 14 часов обходилось в 2 руб., предполагая силу в час 6 ф. каменного угля от 16 до 17 коп. за пуд. Причем возможна альтернатива: использование "дарового двигателя" (гидротурбин), для выработки электроэнергии»[172], но интереса к внедрению этого вида транспорта всё равно никто не проявил.

Окончательный вариант проекта электрической трамвайной линии Пироцкий Ф.А. представил в Париже на Международной электротехнической выставке 1881 года. В этом же году фон Сименсом Э.В. между Берлином и Лихтерфельдом была построена «наземная линия [трамвая], свободная от столбов и растяжек» по проекту, схожему с проектом Пироцкого Ф.А. Основными отличиями проекта фон Сименса Э.В. от проекта Пироцкого Ф.А. стали отсутствие изоляции рельс от костылей и шпал от почвы и применение ременной передачи от двигателя к осям взамен зубчатой передачи Пироцкого Ф.А. Эта линия функционировала около года, однако подаваемое по третьему рельсу высокое напряжение убивало кошек и собак, перебегавших трамвайные пути, и было опасно для человека, поэтому городской совет запретил её дальнейшую эксплуатацию[173].

В то же самое время инженеры на другом конце света добились лучших результатов в том же самом направлении. В 1879 году промышленную выставку в Берлине посетил американский инженер-конструктор Эдисон Т.А. Его заинтересовала демонстрационная линия фон Сименса Э.В. Вернувшись в Америку, Эдисон Т.А. продолжил свои исследования по созданию электрического света и динамо-машин. После начала промышленного выпуска ламп накаливания и первых динамо-машин в 1890 году, Эдисон Т.А. полностью переключился на разработку собственной электрической железной дороги. Вокруг своей лаборатории в Менло-Парке (Нью-Джерси), Эдисон Т.А. построил железную дорогу длинной около 500 м. На железнодорожном четырехколесном шасси была смонтирована динамо-машина мощностью около 12 л.с., игравшая роль двигателя. Электрический ток подводился к рельсам по подземным кабелям, идущим от электростанции с двумя динамо-машинами. К электровозу были прицеплены три вагона: открытый, товарный и «Пульман», названный так в шутку Эдисоном Т.А. Третий вагон предназначался для испытания электромагнитных рельсовых тормозов.

13 мая 1880 года начались испытания электрической железной дороги. Через несколько дней испытаний электровоз стал регулярно выходить из строя и возвращался в мастерскую для ремонта. Основной причиной неисправностей являлось отсутствие необходимых деталей. Эдисону Т.А. приходилось использовать детали, изготовленные для паровозов, так как большинство заводов занималось выпуском паровых машин, и они использовали для этого специализированное оборудование[174].

К концу 1880 года основные проблемы в устройстве электровоза были решены. Весь 1881 год электрическая железная дорога перевозила множество посетителей Менло-Парка, специально ехавших туда через всю страну, чтобы увидеть и прокатиться на новом транспортном средстве. С Эдисоном Т.А. заключило договор Общество северных тихоокеанских железных дорог о постройке электрифицированных линий[175].

В 1883 году деловым партнером Эдисона Т.А. становится морской офицер-изобретатель Спрэг Ф.Ю. Он работал над вопросами электрического тягового привода и рекуперации. В лаборатории Эдисона Т.А. Спрэг Ф.Ю. занимался методами оптимизации физических процессов. Спрэг Ф.Ю. совместно с Эдисоном Т.А. доработал электрическую железную дорогу, внедрив на электровозе верхний токосъем с помощью изобретенного им роликового токоприемника. Сам принцип использования верхнего токосъема с гибкой контактной сети Спрэг Ф.Ю. позаимствовал у Депуля Ш.В., который применил его для своей электрической железной дороги, построенной в Чикаго в 1883 году[176].

В конце 1883 года Спрэг Ф.Ю. решает самостоятельно продолжать исследования в области электрического тягового электропривода и в 1884 году создает свою собственную фирму «Компания электрических железных дорог и двигателей Спрэга» (Sprague Electric Railways & Motor Company), в которую перешли часть инженеров и электротехников из Дженерал Электрик Эдисона (Edison General Electric)[177].

В 1886 году компания Спрэга Ф.Ю. получила два патента на изобретения: электродвигатель постоянного тока с неподвижными щетками и способ временного перевода электродвигателя в режим электрогенератора для возврата части потребленной электроэнергии. Электродвигатель Спрэга Ф.Ю. сразу стал очень популярен, поскольку обеспечивал одинаковое количество оборотов в минуту с различными видами нагрузки; Эдисон Т.А. назвал электродвигатель Спрэга Ф.Ю. «лучшим практичным и доступным электродвигателем нашего времени»[178].

В 1886 году транспортная компания из Ричмонда, Вирджиния (Richmond Union Passenger Railway), заключила с компанией Спрэга Ф.Ю. договор на строительство электрических трамвайных линий. Стоимость строительства была определена Спрэгом Ф.Ю. около 100-200 тыс. долларов за 1 км пути[179].

Весь 1887 год Спрэг Ф.Ю. занимался созданием трамвайного вагона с эффективным тяговым электроприводом. В конце 1887 года Спрэг Ф.Ю. построил окончательный вариант своего трамвайного вагона, который имел опорно-осевой тяговый привод достаточно близкий к современному. Одной из его особенностей было то, что привод был сразу оснащен пружинной подвеской, которая амортизировала удары при прохождении неровностей пути и не передавала их на раму и одновременно компенсировала поперечные перемещения и перекосы электродвигателей относительно рамы тележки за счет деформации витков пружин. Мощность двигателей трамвайного вагона Спрэга Ф.Ю. составляла 7,5 л.с., что обеспечивало скорость движения трамвая 12 км/ч. Для подачи напряжения величиной в 450 В был использован верхний токосъем с гибкой подвесной контактной сети с помощью уже испытанных и надежных роликовых токоприемников Спрэга Ф.Ю.[180].

2 февраля 1888 года трамвайное движение в Ричмонде было открыто. Трамвайные вагоны Спрэга Ф.Ю. отлично преодолевали многочисленные уклоны в городе, два из которых достигали 10%, и долгое время не позволяли организовать в Ричмонде систему общественного транспорта. Единственным городом с крутыми уклонами и имевшим общественный транспорт являлся Сан-Франциско со своей системой канатного трамвая, имевшей большую стоимость строительства и обслуживания[181].

Возможность преодолевать значительные уклоны, простота обслуживания и ремонта и невысокая стоимость эксплуатации стали причинами широкого распространения трамвайной «системы Спрэга». К началу 1889 года более чем в 100 городах мира планировалось или уже началось строительство трамвайных «систем Спрэга».

В 1890 году компания Дженерал Электрик Эдисона (Edison General Electric), производившая большую часть оборудования для «системы Спрэга», выкупила права на технологию строительства трамвайных линий и производство трамвайных вагонов у Спрэга Ф.Ю., поэтому в некоторой американской литературе говорится, что создателем классической трамвайной системы является Эдисон Т.А.[182].

После четырех лет массового строительства электрических трамвайных систем в США и Западной Европе эта тенденция дошла и до Российской империи.

Инициативу о строительстве в российских городах электрической железной дороги проявляли предприимчивые инженеры. Для открытия в городе трамвайного движения предприниматель должен был разработать проект договора о строительстве и эксплуатации электрической железной дороги, в котором указывались улицы, по которым предполагалась прокладка путей; источник финансирования строительства, срок концессии, ежегодные платежи в городскую казну и залог предпринимателя под реализацию договора. Помимо названных основных положений в договоре могли указываться примерные технико-эксплуатационные показатели (количество путей, ширина одиночного пути, такса за проезд, интервалы движения, время движения и средняя эксплуатационная скорость движения) и дополнительные услуги (организация грузового движения по трамвайным путям, организация электрического освещения улиц и продажа электроэнергии и др.).

В случае если трамвай строился хозяйственным способом (за счет бюджета города), то проект договора разрабатывался городской управой.

Предлагаемый проект договора рассматривался на общественных слушаниях в городской думе. Если договор устраивал городскую думу, то в него вносились рекомендуемые технико-экономические показатели. Окончательный вариант договора утверждался на заседании думы и передавался губернатору. После этого предприниматель должен был предоставить губернатору технический проект городской электрической железной дороги. Губернатор подготавливал представление договора и вместе с техническим проектом отправлял его на рассмотрение в Технико-строительный комитет Министерства внутренних дел. Последующий контроль за устройством и эксплуатацией конно-железных дорог, электрического, парового, бензомоторного трамваев, электрического освещения осуществляло 6-е отделение Хозяйственного департамента Министерства внутренних дел. После рассмотрения технического проекта из министерства приходило распоряжение о разрешении строительства или доработке технического проекта (изменении трассировки линий, внесений изменений в конструкцию подвижного состава, устройства разъездов, обеспечения безопасности движения)[183].

После получения разрешения на строительство предприниматель для получения средств на строительство организовывал акционерное общество. Однако достаточно часто предприниматель уже являлся представителем какого-либо общества. На территории Российской империи действовали три крупные транспортные компании: Сименс и Гальске (Siemens & Halske AG, Германия), Парижская компания железных дорог и трамвая (Франция) и Анонимное общество (Бельгия). Под Анонимным обществом понималось объединение крупных бельгийских компаний и банков: трест Эмпена, Взаимная трамвайная компания, Сосьете женераль де Бельжик и др., выступавшие на территории Российской Империи как одна организация[184]. Изначально транспортные компании действовали на территории России как строители и эксплуатационщики конно-железных дорог, а впоследствии стали предлагать услуги по организации городских электрических железных дорог и электрификации существующих конок[185].

Самостоятельно (без заключения концессионных договоров с инженерами или напрямую с иностранными транспортными компании) организовать транспортное обслуживание жителей города в большинстве случаев не могли из-за финансовых ограничений. Величина годового бюджета 40% городов Российской империи составляла до 25 тыс. руб., у 37% — не более 100 тыс. руб. Бюджет достаточный для организации городского благоустройства, в том числе и транспортного, имели только несколько крупных городов империи. Всего в России расходы на благоустройство городов составляли, например, в 1912 году —

26,1 млн. руб. Вместе с тем, Министерство внутренних дел рассылало в городские управы и думы циркулярные письма, где предлагало местным властям самостоятельно организовывать транспортные предприятия, для чего брать кредиты в государственных банках[187].

Фактическое отсутствие трамвайных компаний с заемным российским капиталом можно объяснить низкой прибыльностью: трамвайные предприятия приносили 6–8% годовых от вложенных средств. Для российских акционерных компаний прибыль в среднем составляла 20–30%. Однако для Западной Европы российская процентная ставка была выгодной, поскольку среднеевропейская ставка составляла 3–4% от вложенных средств[188].

Строительство трамвая в городах начиналось с прокладки линий. Сооружение путей велось по самым дешевым и несовершенным технологиям: рельсошпальной (шпально-песчаной и пакеляжной) и бесшпальной (бесшпально-щебеночной и бесшпально-бетонной). Все технологические операции производились исключительно с помощью ручного труда[189]. В целях экономии средств большинство линий строились однопутными с разъездами. Ширина колеи электрической железной дороги в городах была различной (в большинстве случаев выбиралась под предполагаемый для эксплуатации подвижной состав): узкая (750 мм и 1000 мм), стефенсоновская (1435 мм) и русская (1524 мм)[190]. Параллельно с прокладкой путей производилось строительство электрических станций, депо и мастерских для ремонта подвижного состава. Подвижной состав для первых трамвайных линий в большинстве случаев закупали в Европе[191].

Первым городом в Российской империи, в котором был пущен электрический трамвай, стал Киев. Необходимость в соединении двух линий конно-железной дороги акционерного Общества киевской городской железной дороги подтолкнула инженера Струве А.Е. попробовать использовать электрическую тягу. Между Царской площадью и Почтовой улицей, по которым уже были проложены пути конки, находился крутой Александровский спуск; общество, согласно договору с городом, должно было проложить там пути для соединения двух линий, однако использовать для этих целей конную тягу или паровой трамвай не было возможности. Струве А.Е. принял решение впервые в Российской империи использовать электрическую тягу трамвая. Это предложение было рассмотрено на заседании городской думы Киева. После долгих споров о возможной опасности использования рельсов как обратного проводника и влияния гибкой подвесной контактной сети, находящейся под высоким напряжением, на телефонные и телеграфные провода, предложение Струве А.Е. было одобрено[192]. В сентябре 1891 года началось строительство первой линии электрического трамвая. Для строительства линии использовался российский заемный капитал. Моторные трамвайные вагоны были изготовлены на Коломенском заводе. 13 июня 1892 году произошло официальное открытие трамвайного движения[193].

Вторым городом в Российской империи, в котором появился электрический трамвай, стал Нижний Новгород. В 1896 году в рамках Всероссийской художественной и торгово-промышленной выставки, проходившей в Нижнем Новгороде, тремя транспортными компаниями Сименс и Гальске (Siemens & Halske AG), Финляндской компанией легкого пароходства и Товариществом для эксплуатации электричества в разных частях города были построены демонстрационные трамвайные линии, которые отличались друг от друга шириной колеи, эксплуатируемым подвижным составом и стоимостью проезда. Поскольку в 1895 году между фон Гартманом Р.К., представлявшим Финляндскую компанию легкого пароходства, и Нижегородской городской управой был заключен договор на строительство и эксплуатацию электрических трамвайных линий, то по окончании выставки трамвайная линия Товарищества для эксплуатации электричества была разобрана, а линия фирмы Сименс и Гальске (Siemens & Halske AG) выкуплена фон Гартманом Р.К. Но в 1897 году он продал концессию Русскому обществу электрических железных дорог и электрического освещения, которое стало владельцем всех трамвайных линий в Нижнем Новгороде[194].

После строительства первых электрических трамвайных систем в Российской империи города, не имевшие общественного транспорта и средств на самостоятельную его организацию, решают исправить этот недостаток путем привлечения иностранных трамвайных компаний, предоставив им на правах концессии заниматься организацией пассажирских перевозок в городе.

Первым таким городом стал Екатеринослав (Днепропетровск). В январе 1895 года городская дума устроила слушания по вопросу возможности организации в городе трамвайного движения на концессионной основе, куда были приглашены представители иностранных транспортных компаний: Анонимного общества и Парижской компании железных дорог и трамвая. После рассмотрения проектов договоров, предоставленных обеими фирмами, было выбрано предложение Парижской компании, и в июле заключен официальный договор о строительстве Екатеринославской городской электрической железной дороги. Для финансирования строительства и управления трамвайным предприятием Парижской компанией было создано Французское акционерное товарищество[195], но в 1896 году все акции этого товарищества были скуплены Анонимным обществом «Трамваи Екатеринослава» (Société Anonyme Tramways d'Iékaterinoslaw)[196], которое стало владельцем Екатеринославского трамвая.

Следующим городом, где был пущен электрический трамвай, стал Елизаветград (Кировоград). В 1889–1890 годах в городскую думу Елизаветграда было подано три предложения об организации в городе общественного транспорта: конных железных дорог от дворянина Романовича М.Н. (владельца конки Кишинева), от инженеров Палея и Пастернака и от московского товарищества Алексеева и Ко (в лице уполномоченного Пельтиновича Я.). В результате слушаний был выбрано последнее предложение и с товариществом был заключен договор об организации Елизаветградкой конной железной дороги. Однако Пельтинович Я. не предоставил в установленный срок технический проект конно-железной дороги. 5 октября 1893 года договор с товариществом Пельтиновича и Ко (в которое было преобразовано за это время товарищество Алексеева и Ко) был расторгнут. 15 апреля 1895 года Пельтинович Я. передал в городскую думу просьбу о передаче договора с изменением ряда его пунктов московскому инженеру путей сообщения Лихачеву И.А. В это же время от Лихачева И.А. поступило самостоятельное предложение об организации в Елизаветграде электрической железной дороги. На прошедших 19 июня 1895 года думских слушаниях предложение московского инженера было принято, и в августе 1895 года с Лихачевым И.А. был заключен договор на строительство и эксплуатацию трамвая в течение 50 лет, утвержденный вместе с техническим проектом 6 февраля 1896 года Министерством внутренних дел. 14 июня 1896 года Лихачев И.А. передал концессию купцу 1-й гильдии Бродскому Л.И., являющегося владельцем Елизаветградского электрического общества, с изменением договора 17 июля 1896 года[197]. Строительство электрической железной дороги было начато в сентябре 1896 года, а 13 июля 1897 года состоялось официальное открытие трамвайного движения по одноколейной линии (1524 мм) протяженностью 6,1 км с 8 разъездами. Пассажиров перевозили 5 закрытых вагона модели Хербрандт ВНБ 125 (Herbrandt VNB 125), кузова вагонов были изготовлены на заводе Хербрандт (Herbrandt) в Кельне, электрооборудование было произведено фирмой АЕГ (AEG). Так же в парке Елизаветградского трамвая было 3 прицепных вагона, произведенные Коломенским заводом[198].

Пятым городом с электрической городской железной дорогой стал Курск. В начале июля 1895 года инженер путей сообщения Лихачев И.А. подал предложение в городскую управу об организации электрического трамвая. 18 июля 1895 года состоялись слушания в городской думе, по окончании которых предложение Лихачева И.А. было принято[199]. 31 июля 1895 года проект договора на организацию городской электрической дороги был передан на утверждение губернатору[200]. 20 сентября 1895 года губернатор Милютин А.Д. направил в Технико-строительный комитет МВД на согласование проект договора. 15 марта 1896 года пришел положительный ответ из Хозяйственного департамента МВД с рядом дополнений и требованием предоставить технический проект городской электрической железной дороги и 27 марта 1896 года все предложения МВД были утверждены городской думой[201]. 23 мая 1896 года городская управа заключила с Лихачевым И.А. договор об организации в Курске трамвайного движения, после чего договор вместе с техническим проектом были отправление в Технико-строительный комитет. Рассмотрение этих документов заняло около года, при этом строительные работы начались уже летом 1896 года. Окончательное утверждение договора и технического проекта в МВД прошло 2 мая 1897 года[202]. Официальное открытие трамвайного движения по двухколейной линии (1524 мм) протяженностью 4,9 км состоялось 30 апреля 1898 года. Пассажиров перевозили 12 трамвайных вагонов закрытого типа и 6 прицепных открытых вагона[203]. Производителем вагонов были заводы Рагено (Ragheno) и Франко-Бельге (Franco-Belge), электрооборудование было произведено фирмой Электричества и Гидравлики (Électricité & Hydraulique)[205].

После Курска трамвайные системы до 1900 года были открыты еще в 4 городах: Витебске, Севастополе, Орле и Кременчуге[206].

После открытия 8 электрических трамвайных систем и отслеживания экономических показателей деятельности акционерных обществ электрических трамваев некоторые владельцы конно-железных дорог решаются переоборудовать свои системы. Первой такой компанией стало Первое Общество конно-железных дорог в Москве, которое перевело на электрическую тягу Долгоруковскую, Петровскую и Бутырскую линии конки[207].

Эксплуатация электрических трамвайных систем оказалась достаточно выгодной. Результаты финансовой деятельности предприятий электрического трамвая ежегодно публиковались в журнале «Электричество». Согласно данным этого журнала, рост выручки от эксплуатации электрического трамвая в среднем составлял до 10% в год от показателей предыдущего года[208]. К 1902 году иностранные компании предложили свои услуги на строительство и эксплуатацию трамвайных линий на правах концессии 43 городам Российской империи[209].

Массовый спрос на оборудование и механизмы для трамвайных систем привел к диверсификации производств российских промышленных предприятий. Так, например, Коломенский, Сормовский, Путиловский и ряд других заводов добавили в ассортимент выпускаемой продукции моторные трамвайные вагоны, а многие электротехнические предприятия стали выпускать электрооборудование специально для трамваев[210].

Таким образом, к началу XX в. благодаря высоким темпам урбанизации в Западной, Центральной и Восточной Европах, а так же США, развитию инженерной мысли: изобретениям Якоби Б.С., Пироцкого Ф.А., Сименса Э.В., Эдисона Т.А., Депуля Ш.В., Спрэга Ф.Ю. — и активной деятельности иностранных транспортных компаний в Российской империи получил массовое распространение электрический трамвай. Ввиду его высокой провозной способности, возможности обеспечения регулярности движения и низких эксплуатационных затрат, обеспечивающих установление невысоких тарифов, в городах увеличились подвижность населения и средняя дальность поездки каждого пассажира. Широкое распространение электрических трамваев подтолкнуло к дальнейшему росту численности населения и территории городов Российской империи. За счет сложной инфраструктуры нового вида общественного транспорта на российском рынке сбыта промышленной продукции появились новые ниши. Наличие большого платежеспособного спроса также привело к увеличению научных изысканий в сфере электротехники.

ГЛАВА 2

СТАНОВЛЕНИЕ ТРАМВАЙНОГО ТРАНСПОРТА

§ 2.1 Проектирование, строительство систем электрического трамвая и открытие движения

Весной 1895 года в Городскую думу Курска поступил на рассмотрение контракт на организацию в городе электрического трамвая. Контракт был предложен надворным советником, инженером путей сообщения, членом правления Московских и Казанских конных железных дорог Лихачевым И.А.[211].

30 июля 1895 года Городская дума на прошедших слушаниях утвердила проект договора с Лихачевым И.А. и передала договор на утверждение губернатору Милютину А.Д.[212].

31 июля 1895 года губернатор утвердил договор, подтвердив передачу концессии на право постройки и эксплуатации электрической железной дороги по улицам города и предместьям Курска с правом преимущества перед другими видами транспорта. Концессионеру Лихачеву И.А. также предоставлялось право на последующую возможную организацию электрического освещения частных учреждений и домов и преимущественное право на организацию электрического освещения города. Городские власти, согласно концессии, обязались безвозмездно предоставить землю для постройки депо, служебных сооружений, зданий для электростанций в местах пригодных для эксплуатационных целей. Для обеспечения концессии Лихачев И.А. оставил в кассе Городской управы залог в размере 5000 руб.[213].

20 сентября 1895 года губернатор отправил в Министерство внутренних дел на согласование утвержденный им и Городской думой проект договора на организацию трамвайного движения в городе[214].

18 октября 1895 года в Городской думе прошли слушания еще одного проекта договора на организацию электрического трамвая

от фирмы Сименс и Гальске (Siemens & Halske AG). Предложенный немецким акционерным обществом договор был выгоднее ранее утвержденного, но Городская дума его отклонила. В виду этого губернатор отправил письмо Министру внутренних дел с просьбой не утверждать проект договора Лихачева И.А., поскольку проект договора компании Сименс и Гальске (Siemens & Halske AG) предусматривает прокладку трамвайных линий по большему числу улиц и параллельное строительство электрического освещения в городе[215].

Таблица 2.1.1. Сравнение предложенных контрактов на организацию электрических городских трамвайных дорог в Курске.

Основные положения контрактов	Лихачева И.А.	Сименс и Гальске (Siemens & Halske AG)
Улицы для прокладки путей	Московская, Херсонская	Московская, Херсонская, Мирная, Шоссейная
Срок концессии	49 лет	40 лет
Источники финансирования	Собственный капитал или передача концессии акционерному обществу	Собственный капитал
Передача городу трамвайного хозяйства	После окончания концессии безвозмездно или выкуп после 25 лет эксплуатации	После окончания концессии безвозмездно или выкуп через 20 лет эксплуатации или каждые последующие 5 лет
Платежи в городскую казну	После 15 лет ежегодно 1000 руб, после 20 лет — 2000, после 30 лет — 3000 руб. Внесение суммы не позднее 1 июля.	Ежегодно 2% от валового дохода.
Залог концессионера	5000 руб.	6000 руб.
Количество путей	Двухпутные линии.	Однопутные линии.
Ширина пути	1524 мм.	По усмотрению фирмы.
Такса за проезд	5 коп. поездка на одной улице, 8 коп. поездка	10 коп., учащимся 5 коп.

	по двум улицам, Учащимся 3 и 5 коп. соответственно.	
Интервал движения	20 мин.	По соглашению с Городской Управой.
Время движения	Летом с 7 часов до 23 часов, зимой с 8 часов до 21 часа.	Возможно круглосуточное движение.
Средняя скорость движения	14 км/час.	По соглашению с Городской Управой.
Организация грузового движения	Заключение отдельного договора.	Возможно круглосуточное грузовое движение.
Организация электроосвещения улиц и продажа электроэнергии	Заключение отдельного договора.	Освещение Московской и Херсонской улиц 250 лампами накаливания в 25 свечей. Стоимость для города 8000 руб. ежегодно.
Срок строительства первых линий и закупки подвижного состава.	12 мес. за вычетом зимнего периода.	24 мес.
Срок строительства дополнительных линий по желанию Городской Управы.	6 мес.	Заключение отдельного договора.

31 октября 1895 года Лихачев И.А. учредил в Брюсселе «Акционерное общество электрической железной дороги в Курске» («Tramways de Koursk (société anonyme)»), которому он передал полученную в Курске концессию. Капитал общества составлял 1 млн. 400 тыс. франков, представленный 400 тыс. акциями по 100 франков каждая и 10 тыс. учредительных паев без обозначения номинальной стоимости. Главными акционерами-учредителями общества стали 11 человек и 3 общества[216]:

1) Лихачев И.А. — ответственный представитель общества в Российской Империи, первый директор Курского трамвая (1850 акций, 10 тыс. учредительных паев);

2) акционерное (анонимное) Взаимное общество конно-железных дорог (11300 акций),

3) Международное вспомогательное общество железных дорог (100 акций),

4) Дюпюишь Г.Ш. — инженер, член правления Брюссельских конно-железных дорог (100 акций);

5) общество Белградские конно-железные дороги (125 акций),

6) де Креефт Г.Г. — инженер, член правления Центрального общества освещения (50 акций);

7) Гоффине Г.Ж. — инженер (50 акций);

8) Дюлэ Г.Ж. — инженер, управляющий общества электричества и гидравлики (Électricité & Hydraulique) (100 акций);

9) Гинот Г.Л. — член правления и главный директор каменноугольных копий Маримон и Баску (100 акций);

10) барон де Рест д'Алькемад Г.Т. — член правления общества Соединенных собственников, бургомистр Беельзерской общины (50 акций);

11) Стюик Г.И. — бухгалтер (50 акций);

12) Стевенс Г.А. — председатель правления акционерного (анонимное) общества Екатеринославский железоделательный и сталелитейный завод (50 акций);

13) Бликертс Г.Ф. — собственник жилья в Икселле (25 акций);

14) Девандр Г.Ж. — почетный горный инженер (50 акций).

15 марта 1896 года из Министерства внутренних дел пришел ответ о рассмотрении проекта договора Лихачева И.А. с требованиями внесения ряда изменений и разрешение на его последующее официальное заключение[217]. Таким образом, ходатайство курского губернатора было отклонено.

Технико-строительный комитет МВД выдвинул к предоставленному договору 6 требующих изменения замечаний[218]:

1) требование предоставить технический проект с подробным описанием строительства двухпутный линий и использования электрических двигателей,

2) возможность укладки на части участков пути рельсов без лежней и шпал только по согласию с Министерством,

3) добавление в договор параграфа о выполнении существующих и будущих установленных правил и требований при строительстве высоковольтной воздушной контактной сети рядом с телеграфными и телефонными линиями,

4) отмена параграфа в договоре, позволяющего Городской думе издавать постановления по ходатайству предпринимателя, поскольку такие постановления может издавать только губернатор;

5) отмена параграфа об освобождении от имущественного налога на недвижимость городского трамвая, поскольку отмена сбора разрешена только для малодоходных предприятий, которыми железные дороги не являются;

6) дополнить параграфы об ответственности предпринимателя пунктами, позволяющими налагать на предпринимателя штрафы в бесспорном порядке с указанием их размера, помимо ответственности по закону, в случаях увечья людей, полученных от неисправного содержания пути или небрежности служащих.

27 марта 1896 года Городская дума внесла в утвержденный 18 апреля 1895 года проект договора все указанные министерством изменения. 23 мая 1896 года городская управа официально заключила с Лихачевым И.А. договор об организации в Курске трамвайного движения, после чего договор вместе с техническим проектом были отправление в Технико-строительный комитет МВД. 2 мая 1897 года договор и технический проект были утверждены МВД[219].

28 июня 1896 года «Акционерное общество электрической железной дороги в Курске» было высочайше утверждено в Российской Империи под названием «Бельгийское Анонимное общество «Курский трамвай»»[220]. С этого дня ценными бумагами общества (акциями и учредительными паями в виде ценных бумаг на предъявителя) можно было торговаться в России на Санкт-Петербургской, Московской, Одесской и Харьковской биржах[221].

Строительство инфраструктуры трамвая: электростанции и депо — началось весной 1896 года[222].

На Херсонской улице была построена электрическая станция в здании, сложенного из красного лицевого кирпича, с высокой вытяжной трубой и двускатной крышей. Здание стояло рядом с металлической оградой Георгиевской церкви. От Херсонской улицы электростанцию отделял небольшой зеленый скверик, засаженный кленами и огражденный чугунной решеткой. К зданию станции от улицы был проложен кирпичный тротуар. Центральный вход в электростанцию находился с Восточной стороны здания и был обращен на фасад гостиницы «Лондон», стоявшей на Авраамской улице. На электростанции были смонтированы 3 паровых водотрубных котла с общей площадью нагрева 450 кв. м, 2 паровые машины общей мощностью 400 л.с. и 2 динамо-машины мощностью по 110 КВт каждая[223]. Поставкой электрооборудования для электростанции занималось акционерное общество «Электричество и Гидравлика» (Electricité et Hydraulique), впоследствии фактически ставшее монополистом в сфере поставок электротоваров как для трамвая, электростанций, так и для населения Курска[224].

На Выгонной улице было построено трамвайное депо, которое включало в себя кирпичный вагонный сарай-профилакторий на 4 тупиковых пути с канавами для осмотра и ремонта подвагонного оборудования и отдельно стоящие деревянные мастерские, в которых были смонтированы 2 токарных станка, пресс, ручной сверлильный станок и 4 домкрата. Помещения в депо не отапливались. Между профилакторием и мастерскими был проложен веер на два пути с окончанием тупиком[225].

В июле 1896 года в депо поступил первый подвижной состав: 12 моторных вагона и 6 прицепных[226]. Поступившие моторные вагоны не имели электрооборудования и оно было приобретено у фирмы-акционера Курского трамвая «Электричество и Гидравлика» (Électricité & Hydraulique)[227]. Сами вагоны были произведены на крупных бельгийский заводах Рагено (Ragheno) и Франко-Бельге (Franco-Belge)[228]. Однако для экономии средств были приобретены не новые вагоны, а бывшие в эксплуатации в Нижнем Новгороде, куда, в свою очередь, они были закуплены из Пизы (Италия), где тоже находились в эксплуатации несколько лет. Этим объясняется необходимость закупки нового электрооборудования и покраска кузовов для вагонов[229].

Весной 1897 года началась прокладка 5 км двухпутной линии на Московской и Херсонской улицах[230]. Для строительства были созданы две артели строителей по одной для каждой улицы[231]. Все работы по постройке линии велись исключительно вручную, с использованием тачек, телег, лопат и кирок. Для экономии средств и ускорения строительства общество «Курский трамвай» решило отказаться от закупки шпал и производить их на месте, в результате чего объем строительных работ значительно увеличился[232]. Использовалась следующая схема работ: профилирование брусьев (они поставлялись на Городской вокзал Курск-ветки), их пропитка креозотом (осмолка), разборка брусчатки, рытье корыта под путь, сборка и укладка рельсовых плетей, их рихтовка и подъемка, засыпка песком готового полотна, замощение пути, отвозка мусора и грунта с улиц.

Масштабное строительство по центральным улицам приносило большое число неудобств жителям города. Помимо шума, пыли и грязи на узких участках улиц происходили несчастные случаи с извозчиками, у которых при наезде на земляные насыпи переворачивались экипажи с пассажирами[233].

При доведении линии от Московских ворот до Красной площади в конце мая 1897 года общество «Курский трамвай» хотело изменить трассу линии, проложив участок от Красной площади до Знаменского собора, затем по Знаменской улице, после чего вывести пути на Херсонскую улицу, уменьшив за счет этого градус тяжелого профиля. Однако, по итогам обсуждения Лихачев И.А. изменение в технический проект вносить не стал[234].

Ход строительства городского трамвая отслеживала специальная комиссия, которая регулярно в местных газетах публиковала доклады о процессе строительства и решении возникающих проблем. Так 11 июня 1897 года в Курских губернских ведомостях был опубликован очередной доклад этой комиссии, рассмотревшей 7 вопросов[235]:

1) организация сноса торговых лавок возле Московских ворот, для строительства объездных трамвайных путей;

2) строительство объездных путей с левой стороны Херсонских ворот,

3) расширение межпутья за Московскими воротами,

4) укрепление балками места вывоза снега и мусора с площадки строительства на берегу Тускаря,

5) отказ на предложение Лихачева И.А. построить угольный склад на Георгиевской площади для трамвайной электростанции,

6) включение в состав комиссии городского архитектора,

7) решение обязать общество водопровода предоставить подробный план прокладки труб.

Основные работы по постройке были завершены в сентябре 1897 года. 11 апреля 1898 года Лихачев И.А. сообщил в Городскую управу, что трамвай к пуску готов, и с 18 апреля возможно открытие пассажирского движения[236]. 11 числа была проведена обкатка 12 трамвайных вагонов: «сначала трамваи ходили только от Херсонских ворот до Георгиевской площади (до моста на реке Кур), затем по всей Херсонской улице и до

Общественного клуба (перекресток Гостиной и Московской улиц)»[237].

17 апреля 1898 года был произведен окончательный осмотр произведенных строительных работ: «комиссия, избранная Думой для наблюдения за устройством и эксплуатацией Курского трамвая, в составе гласных: Ивана Ивановича Боева, Александра Николаевича Неверова, Николая Аполлоновича Фон-Агте, Александра Ивановича Иванова и Константина Дмитриевича Попова при участии председателя комиссии, члена Управы, Федора Петровича Сапунова и ответственного Директора Правления Анонимного Общества Курских Трамваев, Инженера Ивана Алексеевича Лихачева, в виду предстоящего 18 апреля открытия движения, осматривала произведенные работы по устройству трамвая, как-то: вагонное депо, машинное задание центральной станции, машины, путь от вагонного депо до шпилей у Московских ворот, вагоны и соответствующие для движения приспособления, нашла все устроенным настолько хорошо, что может быть дано разрешение для открытия движения, согласно 27 параграфу договора 23 мая 1896 года; что же касается до мелких исправлений мостовой, доделок при постановке машин, то так как таковые, согласно 28 параграфу договора, не препятствуют движению, то подробный осмотр всего устроенного в связи с договором и техническими условиями, может быть отложен до будущего времени; ныне же, на основании произведенного осмотра, комиссия находит возможным открыть движение трамвая и для выдачи надлежащего разрешения настоящий протокол передает в Городскую Управу»[238].

Торжественное открытие движения состоялось в субботу 30 апреля 1898 года. На Красной площади были выстроены 8 моторных вагонов, украшенные лентами и флажками. На церемонии присутствовали губернатор Милютин А.Д., епископ Курский и Белгородский Лаврентий, городские власти, Лихачев И.А., представители анонимного общества Дювельс и Леоди, специально прибывшие из Брюсселя; русские инженеры, техники и рабочие курского трамвая. В честь окончания строительных работ и открытия регулярного движения был совершен крестный ход с иконой Курской Коренной, освящены вагоны и отслужен благодарственный молебен. По окончании молебна вагоны трамвая, битком наполненные горожанами, поехали вниз по Херсонской улице, при громких криках собравшихся: «Ура!»[239].

В Орле первые слушания проектов рельсового транспорта прошли в 1889 году. В этом году в Городскую думу были поданы на рассмотрения 3 проекта договора на строительство конно-железных дорог[240]:

1) бельгийского инженера Мааса Ф., предложившего 13 февраля 1889 года построить на праве концессии сроком в 42 года линию конного трамвая от вокзала Московско-Курской железной дороги до Кромской площади под залог 3 тыс. руб., с последующей безвозмездной передачей системы конно-железной дороги городу;

2) инженера Горчакова, предложившего 17 марта 1889 года построить на праве концессии сроком в 42 года 8 линий конного трамвая:

– Кромскую — от Кромской площади до Городской думы,

– Московскую — от Городской думы до Московских ворот,

– Вокзальную — от Московских ворот до вокзала Московско-Курской железной дороги,

– Болховскую — от богоугодных заведений до Кромской площади,

– Черкасскую — от Городской думы до перевоза на Оке,

– Васильевскую — от Васильевсой улицы до Городской Думы,

– Курскую — от Банного моста до Орловско-Витебской железной дороги,

– Новосильскую — от перекрестка Новосильевской и Московской улиц до товарной станции Орловско-Витебской железной дороги,

под залог в 6 тыс. руб., ежегодную повагонную плату 40 руб. с каждого двухэтажного вагона и 20 руб. с — одноэтажного, внесение налога с лошадей и постоянного ремонта мостовых улиц, по которым будут проложены линии;

3) отставного штабс-ротмистра Казакова, предложившего 23 марта 1889 года построить на праве концессии сроком в 40 лет 2 линии конного трамвая:

– вокзальную — от Кромской площади до вокзала МКЖД,

– болховскую — от богоугодных заведений до Кромской площади,

под залог в 5 тыс. руб. и ежегодную повагонную плату 50 руб. с каждого двухэтажного вагона, 25 руб. с — одноэтажного, 10 руб. с — товарного.

По итогам трех слушаний Городская дума выбрала проект договора Горчакова. Но на дополнительных слушаниях, прошедших 3 августа 1889 года, инженер и гласные думы не смогли договориться о стоимости проездного билета на одну поезду по конно-железной дороге, в результате чего Горчаков отказался от заключения концессионного договора[241].

Через 6 лет летом 1895 года французский инженер Гильон Ф.Ф. внес на рассмотрение Городской думы проект договора на строительство электрического городского трамвая и организацию уличного освещения. 29 ноября 1895 года Дума утвердила договор на прокладку 4 линий электрического трамвая, строительство электрической станции, депо, служебных сооружений, организацию электрического освещения главных улиц на праве концессии сроком в 40 лет под залог 15 тыс. руб.[242]. 9 сентября 1896 года договор на строительство орловского трамвая был утвержден Министерством внутренних дел[243].

16 марта 1896 года Гильён Ф.Ф. передал концессию на строительство и эксплуатацию трамвая и организацию уличного освещения бельгийскому акционерному анонимному обществу «Tramways et Éclairage de la Ville d'Orel (société anonyme)», высочайше утвержденному в Российской империи как анонимное общество «Орловский трамвай». Первоначальный капитал общества составлял 1 млн. франков. «Tramways et Éclairage de la Ville d'Orel (société anonyme)» являлось одной из первых дочерних компаний Взаимной трамвайной компании (Compagnie Mutuelle des Tramways), которой принадлежали 100% акций Орловского трамвая[244]. 17 мая 1897 года Городская дума Орла одобрила передачу прав на концессию анонимному обществу «Орловский трамвай»[245].

Весной 1897 года началось строительство электрической станции трамвая, трамвайного депо и стали поступать материалы для строительства инфраструктуры трамвая. Механическое и электрическое оборудование для трамвайной системы поставляла компания «Электричество и Гидравлика» (Électricité & Hydraulique) из Шарлеруа[246].

Укладка трамвайных путей началась в мая 1898 года. Параллельно строилось 4 линии[247]:

1) от границы города у Стрелецкой слободы по Кромской улице через Мариинский мост до Ильинской площади,

2) от Ильинской площади по Московской улице через Московские ворота к вокзалу Московско-Курской железной дороги,

3) от Ильинской площади через Александровский мост по Болховской и Садовой улицам до Богоугодного заведения,

4) от Ильинской площади по Новосильевской улице до 1-ой Курской, а от неё — до переезда через линию Орловско-Рижской железной дороги.

Сооружаемые линии длиной 8 км были узкоколейными (1000 мм) двухпутными и проходили по центру оси улиц. Единственной однопутной линией длиной 2 км являлась линия от Ильинской площади по Новосильевской улице[248].

8 сентября 1897 года были закончены работы по строительству электростанции, в которой установили 4 динамо-машины и 6 паровых котлов, и трамвайного депо. 8 октября 1897 года Технико-строительный комитет МВД утвердил технический проект строительства орловского трамвая[249]. 8 ноября в город поступили 22 моторных закрытых и 14 открытых прицепных вагонов[250]. Обкатка вагонов прошла в начале октября 1898 года.

Торжественное открытие трамвайного движения в Орле состоялось 15 ноября 1898 года в 12 ч.: «на торжестве в присутствии представителей местных общественных и правительственных учреждений, имевших во главе начальника губернии Трубникова А.Н. Торжество началось благодарственным молебствием в помещении мастерских машинного отделения электростанции, очень изящно украшенных флагами национальных русских цветов, коврами и тропическими растениями; перед началом молебствия ректором духовной семинарии, протоиереем Сахаровым В.И. была произнесена приветственная речь, характеризующая значение для благосостояния Орла устройства трамвая. По окончании молебствия духовенство, начальник губернии и прочие гости обошли все помещения; духовенство окропляло их святою водою. После этого начальник губернии, духовенство и некоторые из начальствующих лиц и главные представители "Общества трамвая" гг. Гильен, Розенталь и инженер-строитель г. Шульгин поместились в первом из приготовленных для гостей вагонов, разукрашенных русскими флагами, и начальник губернии объявил движение трамвая открытым, сказал; "С Богом, в путь!" Всю дорогу духовенство окропляло путь святою водой. В остальных вагонах разместились прочие гости, которые были приглашены правлением "Общества" в Купеческий клуб по русскому обычаю откушать хлеба-соли. Начальник губернии с духовенством проехал по всей линии»[251].

Строительство электрического трамвая в Воронеже произошло значительно позже: в 10-20-е годы XX в., из-за наличия 3-х протяженных линий конки с регулярным движением.

Открыта конно-железная дорога была 13 августа 1891 года воронежскими предпринимателями Горчаковым А.Н. и Блюммером Л.П., получившими концессию на эксплуатацию конного трамвая на 40 лет[252]. Но, несмотря на наличие в городе действующей конки, в 1911 году в Городской думе Воронежа прошли слушания по вопросу необходимости строительства электрического трамвая. По итогам слушаний было постановлено создать специальную комиссию под председательством гласного думы Шуринова К.К., которая должна была изучить опыт других городов и представить на рассмотрение думы варианты организации трамвайного сообщения в Воронеже[253]. Составленный комиссией доклад и доклад Городской управы были заслушаны в Городской думе в январе 1912 года. После чего было вынесено постановление о необходимости строительства сети линий электрического трамвая в Воронеже хозяйственным способом (без привлечения концессионеров) на параллельных конке улицах (что должно было вызвать ее банкротство)[254]. Дума одобрила план, согласно которому протяженность рельсовой сети электрического трамвая должна была составлять 21 км, а линии первой очереди должны были связать железнодорожный вокзал с центром города и слободой Чижовкой (как это делала конка), а также должны были быть проложены участки до промышленного района Кольцовской улицы и будущего загородного поселка СХИ.

Городской управе был дан указ заключить договор с предложившими свои услуги в составлении технического проекта управляющим московского трамвая инженером Поливановым М.К. и двумя его коллегами — инженерами Сушкиным Н.И. и Старковым В.В. Дума приняла их предложение составить проект за 3500 руб., и в 1912 году началось проектирование трамвайной сети по рекомендованному думой плану с расчетом на строительство в центре сети (в центре города) мощной электростанции[255].

Проект был готов уже в середине 1912 года. Согласно ему было предложено построить 12,9 км двухпутного трамвайного пути узкой колеи (1000 мм), вагонный сарай на 20 трамваев на месте бывшего ипподрома, электрическую станцию мощностью 2000 кВт на ул. Большой Успенской. Помимо пассажирского движения было предложено использовать грузоперевозки по Кольцовской улице к 2-м мельницам и маслобойным заводам. Расчетная выручка предприятия за год должна была составлять 210 тыс. руб. из них 75 тыс. руб. доход от грузоперевозок, чистая прибыль 58 тыс. руб., ежегодные отчисления в бюджет города 99 тыс. руб.[256].

Маршрутная сеть должна была включать в себя 5 линий[257]:

1) от военных казарм до железнодорожного моста (11,5 км),

2) от железнодорожного моста до сельскохозяйственного института (3,4 км),

3) от Большой Чижовской улицы до железнодорожного моста (7,8 км),

4) от вокзала ЮВЖД до Большой Чижовской улицы (7,3 км),

5) от вокзала ЮВЖД до Самофаловской площади (7,8 км).

Для обеспечения строительства трамвая в 1913 года Воронежу было разрешено выпустить облигационный заем в 1,825 млн. руб. исключительно для трамвайного строительства. 24 июня 1913 года император утвердил это разрешение, а 11 сентября оно обрело силу закона. Облигации следовало реализовать в течение 3 лет, а погасить в 53-летний срок с учетом выплаты 4,5% за год. Однако городская управа уже заранее успела получить краткосрочный заем в 1 млн. в Воронежском коммерческом банке под 6% годовых[258]. С учетом начала финансовых отношений дума преобразовала существующую трамвайную комиссию в исполнительную трамвайную комиссию, подчиняющуюся городской управе и утверждаемую губернатором[259].

Для начала строительства исполнительной трамвайной комиссией было создано трамвайное бюро, руководить которым был приглашен инженер Радциг В.А., недавно окончивший строительство трамвайной системы в Царицине. 27 марта 1914 года на месте бывшего ипподрома за храмом св. Владимира было заложено здание кирпичного депо на 40 вагонов. Это стало началом строительства воронежского электрического трамвая[260].

Следующим шагом по проекту было строительство паротурбинной электростанции в квартале Большой Успенской улицы рядом с водокачкой. После окончания строительства электростанция должна была покрывать потребности не только трамвая, но и освещения улиц, водопровода и канализации[261].

Однако вместе со строительством новой электростанции город решил выкупить и старую электростанцию фирмы «Сименс и Гальске» за 375 тыс. руб., для чего городская управа с разрешения вице-губернатора взяла еще один облигационный займ в 1,025 млн. руб. с погашением в течение 53 лет[262]. Обсуждение этой сделки с фирмой-владельцем затянулось на несколько лет.

Для оснащения новой электростанции у фирмы «Сименс и Шуккерт» (образовалась из «Сименс и Гальске») были заказаны две паровые турбины, 18 трамвайных вагонов и 3 электровоза, троллейный провод, спецчасти контактной сети, опоры и осуществление монтажных работы по устройству подвесной гибкой контактной сети за 310 тыс. руб. 2 паровых котла были заказаны у фирмы «Фицнер и Гампер» за 38,7 тыс. руб. Строительство вагонного парка осуществляла фирма «Железобетон» из Ростова-на-Дону за 65,8 тыс. руб. Рельсы поступали с двух московских металлопрокатных заводов. Параллельно велась закупка шпал, камня, кирпича, цемента и др. строительных материалов. Городской архитектор Замятнин М.Н. самостоятельно стал проектировать фасады всех капитальных сооружений трамвая: депо, конторы, новой электростанции[263].

29 июня 1914 года после молебна началась укладка рельсового полотна. В течение 1914 года было уложено 5,1 км трамвайного пути по улицам Петровской, Малодворянской, Большой садовой, 2-й Острогожской (Романовской), Кольцовской; возведены депо и здание конторы без отделки, возведены стены новой электростанции и было заказано оборудование для будущей реконструкции городской подстанции[264].

С началом войны рабочих, выполнявших строительство призвали в армию, поставки оборудования перестали выполняться. Однако в течение 1915-1917 годов строительство трамвая все равно продолжалось. Хоть и с задержкой, но Воронежу удалось получить заказанные в Швейцарии турбины. В 1915 году продолжалась укладка рельсового пути в центре города, а к концу 1916 года удалось завершить строительство трамвайного пути на всех линиях, кроме линии к сельскохозяйственному институту (СХИ), также на построенных участках была подвешена контактная сеть. Строительство трамвайной системы приостановилось из-за отсутствия подвижного состава. Поставка заказанных немецких вагонов была невозможна, другие иностранные производители отказывались заключать договора с российскими городами. Начавшиеся успешно переговоры с мастерскими Юго-Восточной железной дороги в 1916 году окончились неудачей. Обращения инженера Радцига В.А. к Коломенскому заводе о поставке хотя бы комплектующих, для последующей сборки вагонов в Воронеже тоже не увенчались успехом. В 1917 году Министерство земледелия и администрация строившегося СХИ ассигновала городской управе денежные средства для прокладки трамвайной линии к институтскому поселку в расчете, что в 1918 году СХИ будет иметь транспортное сообщение с центром города. При получении средств городская управа начала экстренную укладку рельсового полотна по направлению к поселку[265].

При строительстве трамвая городу все же удалось достроить новую электростанцию, а старая электростанция была выкуплена у «Сименс и Гальске» в 1915 году за 250 тыс. руб. в рассрочку, в течение 8 лет[266].

После февральской революции строительство трамвая прекратилось: рельсовый путь был законсервирован, мощности трамвайной электростанции были перенаправлены на покрытие городских нужд, а в вагонный сарай был переведен парк конки[267], которая с перерывами работа до 1919 года[268].

В 1922 году Губкоммунотдел на базе оставшейся инфраструктуры трамвая и конки запустил пробное движение конно-железной дороги: один вагон конного трамвая курсировал от вокзала до цирка в течение сентября. Стоимость проезда в нем была установлена в 200 тыс. руб. По прошествии месяца президиум Горсовета Воронежа рекомендовал Губкоммунотделу воздержаться от запуска регулярного пассажирского движения на конно-железной дороге, так как ее эксплуатация даст дефицит городскому бюджету[269].

В течение 1922–1923 годов Губкоммунотдел не прекращал попытки восстановить общественный транспорт города и достроить систему электрического трамвая. Итогом этих действий стал выпуск в 1923 году ассигнаций на 500 тыс. руб. дензнаками 1923 года с погашением этой суммы в течение 5 лет для возможности приобретения электрических трамвайный вагонов[270].

В апреле 1925 году Губкоммунотдел заказал 10 моторных фонарных трамвайных вагона на Коломенском заводе[271]. В это же время Губкоммунотделу Воронежа поступает предложение от акционерного общества «Электроэксплоатация» достроить трамвай на концессионных правах, но Губкоммунотдел отказывается от предложения, поскольку Горсовет решил достроить трамвайную систему самостоятельно[272]. Для этого в середине апреля 1925 года по решению Городского совета Воронежа было создано бюро по строительству трамвая в составе руководителя Михеева и инженеров Романова, Тихомирова и Савостьянова[273].

Достройка трамвайного хозяйства началась с реконструкции трамвайной подстанции для увеличения ее мощности. Параллельно с этим изготавливались детали для рельсового пути и контактной сети. Основную нагрузки взяли на себя 3 производственных предприятия города: Машиностроительный завод им. Ленина, завод им. Коминтерна и Острогожские железнодорожные мастерские[274].

В июне 1925 года начались работы по прокладке трамвайной линии. Прокладываемая линия электрического трамвая повторяла линию конки[275]. Строительство двухпутного трамвайного пути протяженностью 11,2 км (колеи 1524 мм[276]) от железнодорожного вокзала по проспекту Революции через Кольцовский сквер и Староконную улицу по улице Свободы до маслозавода было закончено 1 апреля 1926 года[277].

10 апреля 1926 года в трамвайное депо были поставлены первые 5 двухосных моторных фонарных вагона с Коломенского завода. Прибывшие вагоны были недоукомплектованы[278]. 13 апреля 1926 года в Воронеж прибыл монтер Коломенского завода Мочалов И.И. с необходимыми деталями для наладки вагонов и обучения персонала депо. 26 апреля 1926 года в депо поступили оставшиеся 5 вагонов[279]. Обкатка вагонов по линии от депо до вокзала происходила по ночам с 28 апреля до 13 мая 1926 года, когда была произведена обкатка трамвайной сети целиком. Все подготовительные работы к открытию трамвайного движения окончились 15 мая 1926 года[280].

Торжественное открытие трамвайного движения в Воронеже состоялось 16 мая 1926 года в 11 ч.: «к зданию Губисполкома собрались представители партийных, советских и профсоюзных организаций, делегации заводов... отряды пионеров и других организаций. В 11 ч 30 мин к Губисполкому подошли четыре трамвайных вагона. Публикой, ждущей пуска трамвая, усеян весь проспект Революции от Губисполкома до площади Никитина. Торжество открытия трамвая началось речью заведующего Губкоммунотдела т. Григорьева, отметившего в своей речи, что, несмотря на нашу бедность, мы изо дня в день движемся вперед, доказательством чего служит открываемый трамвай. Выступивший вслед за ним председатель Губисполкома т. Шаров в своей речи отметил значение трамваев в развитии нашего строительства. После речей один из вагонов, наполненный присутствовавшими на открытии делегациями, направляется по направлению к площади Никитина, три остальные — по направлению к вокзалу. Тысячи глаз с тротуаров встречают и провожают каждый вагон... Движение открылось... Вслед за делегатами вагоны заполняются до отказа детворой, звенящей от удовольствия сильнее трамвайных звонков... С появлением трамвая улицы Воронежа стали неузнаваемы. Движение оживилось, увеличился шум, звон. Проспект окончательно и бесповоротно теряет свою провинциальную физиономию, сделав после многолетнего разбега крупный скачок вперед, к культуре...»[281].

Таким образом, становление трамвайных систем в Центральном Черноземье началось в еще конце XIX в. (за исключением Воронежа, где оно было отложено из-за наличия в городе конно-железной дороги). Курск и Орел стали одними из первых городов в Российской империи, где был пущен электрический трамвай. Несмотря на небольшие местные бюджеты, благодаря активной деятельности транспортных инженеров и финансирования иностранными акционерами трамвайных компаний (фактически бесплатно для местных властей) в Курске и Орле был построен и запущен электрический трамвай.

Функционировавшая по центральным улицам Воронежа линия конки стала проблемой для властей города, желавших иметь разветвленную и протяженную сеть общественного транспорта. Отсталость в решении транспортного вопроса по сравнению с другими центрами Центрального Черноземья и предел в развитии конно-железной дороги повлияли на скорейший поиск инженеров-разработчиков проекта электрического трамвая, осуществление финансового займа и начало строительства. Несмотря на высокую скорость строительства, резкое изменение политической и экономической ситуации в стране не позволили властям Воронежа окончить строительство до 1917 года. Тяжелое финансовое положение не позволяли продолжить капиталовложения в стройку вплоть до начала 20-х годов. За счет выпуска в 1923 году ассигнаций власти Воронежа все-таки начинают заканчивать сооружение единственной уже на тот момент системы общественного транспорта, которая открылась в 1926 году. В итоге строительство воронежского трамвая составило 12 лет.

§ 2.2 Технико-экономическая характеристика трамвайных предприятий

Для оценки деятельности трамвайных предприятий используются разнообразные специальные технико-экономические показатели и измерители, которые позволяют отразить количественную и качественную характеристику работы трамвайного транспорта. Проведем анализ, обобщение и систематизацию имеющейся в различных исторических источниках информации о работе городского электрического трамвая в городах Центрального Черноземья: Орла, Курска и Воронежа, во временном промежутке с 1898 года по 1937 год.

Количественная характеристика размеров трамвайного предприятия определяется следующими основными измерителями:

а) числом моторных и прицепных вагонов,

б) длиной путевой сети по оси улиц и длиной одиночного пути (в км);

в) числом и установленной мощностью подстанций (в кВт),

г) числом и вместимостью трамвайных парков (в вагономестах),

д) производственной мощностью мастерских и ремонтного завода (при его наличии в трамвайном хозяйстве),

е) общим числом рабочих и служащих предприятия.

Эффективность работы трамвая можно определить количеством перевозимых пассажиров.

Одной из основных частей в транспортном хозяйстве является эксплуатируемый подвижной состав. В таблице 2.2.1 показаны модели электрических активных моторных и пассивных прицепных трамвайных вагонов, техническое описание их основных элементов оборудования (тип тягового электродвигателя, вид тормозного оборудования, тип контроллера водителя, тип тележки, число осей, тип кузова, вместимость), годы и место постройки, а также указана численность каждого типа вагонов и продолжительность нахождения их в эксплуатации в городах Центрального Черноземья в конце XIX — первой трети XX вв.

Трамвайное движение в Курске и Орле в 1898 году открывали бельгийские трамвайные вагоны. Кузова активных моторных вагонов закрытой конструкции были построены на заводе Рагено (Ragheno) в городе Мехелен (провинция Антверпен, Бельгия), производителем электрооборудования являлась фирма «Электричество и Гидравлика» (Electricité et Hydraulique) из города Шарлеруа (провинция Эно, Бельгия). Пассивные прицепные вагоны открытой конструкции были произведены на бельгийско-французском заводе Франко-Бельге (Franco-Belge) в городе Рем (регион Нор — Па-де-Кале, Франция)[282].

Таблица 2.2.1. Подвижной состав электрического трамвая эксплуатировались в городах Центрального Черноземья в конце XIX — первой трети XX вв.

Тип вагона (годы эксплуатации)	Количество вагонов	Год постройки	Завод-изготовитель	Тип кузова	Число мест для сидения (всего мест)	Тип тормозного оборудования	Тип тележки	Число осей	Тип мотора	Тип контроллера
Курск[283]										
Моторный бельгийский (1898-1930)	12		Рагено (Rragheno)	Деревянный	24 (48)	ручной механический	Жесткой базы	2		
Прицепной бельгийский (1898-1913)	6		Франко-Бельге (Franco-Belge)	Деревянный		ручной механический	Жесткой базы	2	—	—
X (1931-1937)	6	1930	Мытищинский вагоност-	Металлический	32 (64)	пневматический, ручной механи	Жесткой базы	2	ДР-3К	ДК-4
	5	1931								

- 61 -

	8	1934	ный завод							
	3	1935								
	4	1936								
	3	1938								
Орёл[284]										
Бельгийский моторный (1898-1937)	22	1898	Рагено (Raghen o)	Деревя нный	20	ручной механи ческий	Жестк ой базы	2	ДТУ-25[285]	ДК-5, ДТ-20[286]
	4	1914								
Бельгийский прицепной (1898-1937)	24	1898	Франко-Бельге (Franco-Belge)	Деревя нный	20	ручной механи ческий	Жестк ой базы	2	—	—
Прицепной (1930-1937)	4	1901		Деревя нный					—	—
Воронеж[287]										
КМ (1926-1937)	10	1926	Коломе нский вагонос троител ьный завод	Метал лическ ий			Жестк ой базы	2		
	2	1927								
Рижский прицепной (1927-1937)	5		Рижски й вагонос троител ьный завод	Деревя нный				2	—	—
Моторный	1	1931	Вагоно ремонт	Метал лическ				4	ДМ-1А	

Лукина К.В. (1932-1937)	6	1932	ный завод им. Тельмана	ий						
X (1929-1937)	5	1929	Мытищинский вагоностроительный завод	Металлический	32 (64)	пневматический, ручной механический	Жесткой базы	2	ДР-3К	ДК-4
	15	1930								
	7	1932								
	14	1934								
	15	1936								
M (1930-1937)	19	1930	Мытищинский вагоностроительный завод	Металлический	20 (78)	клещевой	Свободные оси	2	—	—
	2	1932								
	9	1933								
	5	1935								
	8	1936								
Прицепные Лукина К.В. (1931-1937)	7	1931	Вагоноремонтный завод им. Тельмана	Металлический			Свободные оси	2	—	—
	7	1932								

Кузов бельгийского моторного вагона имел деревянный остов, который состоял из деревянных боковых и угловых стоек, связанных продольными брусьями и поясами, и крышевых деревянно-металлических дуг, скрепленных со стойками и с верхними продольными брусьями. Площадки кузовов имели металлический каркас, что облегчало их ремонт при повреждениях. Боковые стойки были выполнены из лиственницы, угловые — дуба. Деревянный остов вагона внутри обшивался деревянными пилястрами, раскладками и т.п.; подоконная часть обшивалась рейками. Снаружи остов покрывался тонкой металлической обшивкой. Крыша вагона образовывалась пришивкой деревянных реек к деревянным частям крышевых дуг. Сверху эта обшивка покрывалась рубероидом. Потолок вагона выполнялся из реек, прикрепленных к крышевым рейкам. Пол вагона состоял из сосновых досок, соединенных в шпунт, укрепленным болтами к балкам остова. В поперечном направлении доски скреплялись железными полосами. Поверх досок пола укладывались рейки, прикреплявшиеся к доскам гвоздями. В салоне устанавливались продольные деревянные диваны из реек. Входные дверцы на площадках и двери на торцевых проемах кузова делались задвижные[288]. Вагоны были установлены на двухосные неповоротные тележки жесткой базы с размером базы ≈ 2700 — 3200 мм[289]. В Курске эксплуатировались вагоны с тележкой на колею 1524 мм, в Орле — 1000 мм[290].

В 1897 году в Курск были привезены 12 моторных и 6 прицепных бельгийских вагона, которые без существенных изменений конструкции проработали до остановки трамвайного движения в 1918 году. В 1924 году были восстановлены 9 трамвайных вагонов с частичной заменой старого бельгийского электрооборудования на аналогичное производства отечественных заводов[291]. В 1926 году в трамвайном депо на тележках моторных и прицепных вагонов управление трамвая начало строить новые моторные вагоны с увеличенной на 2 оконных проема базой кузова и установкой нового механического и электрического оборудования[292]. Несмотря на проведение капитальных ремонтов старых бельгийских вагонов и строительство новых кузовов, обслуживание трамваев с деревянными кузовами, старыми литыми деталями и разнородным оборудованием было затратным для предприятия[293], поэтому в 1929 году правление комбината №1 «Водосвет» Губотдела местного хозяйства, управлявшее трамвайным хозяйством, через государственное объединение металлических заводов заказало на Мытищинском вагоностроительном заводе и электромашиностроительном заводе Динамо 6 новых трамвайных вагона серии X и электрооборудование для них соответственно[294]. В 1930 году Горсовет Курска заказал еще 5 трамвайных вагонов серии X[295]. В 1934 году была образована Курская область, благодаря чему город получил от Наркомата коммунального хозяйства СССР 8 моторных вагона серии X[296].

Вагоны Х и М являлись первыми унифицированными серийными двухосными советскими трамваями. В отличие от бельгийских вагонов они имели бесфонарный деревянно-стальной каркас кузова, основание которого представляло собой стальную раму, покрытую шумоизолирующим и защищающим от коррозии веществом (толем). По габаритам кузова и планировке салона вагоны Х и М были схожи с реконструируемыми с 1926 года курскими вагонами бельгийского происхождения. Основные отличия вагонов были в ходовых частях (тележках)[297]. Установленное электрическое оборудование было аналогичным установленному на курских вагонах, поскольку единственным поставщиком электродвигателей с 20-х годов для трамваев в СССР являлся московский завод городского электрического транспорта «Динамо»[298].

Обновление орловского парка городского трамвая для местного руководства было проблематично из-за узкой колеи (1000 мм), поэтому трамвайному предприятию приходилось эксплуатировать старые бельгийские двухосные вагоны после достижения ими максимального износа, постоянно проводя капитальный ремонт и покупая бывшие в употреблении в других городах узкоколейные вагоны (в Антверпене в 1914 году и в Твери в 1931 году). Перешивка трамвайных путей на стандартную отечественную колею (1524 мм) началась только в 1938 году (хотя проект реконструкции линий был составлен еще в 1935 году[299]), тогда же город получил первый поезд Х-М с Усть-Катавского вагоностроительного завода им. С. М. Кирова[300].

В Воронеже трамвайное движение открывали моторные трамвайные вагоны КМ, произведенные Коломенским машиностроительным заводом. Первая партия вагонов КМ прибыла в город в 1926 году[301]. Вагоны КМ являлись первыми советскими четырехосными вагонами. Они имели симметричный фонарный деревянно-металлический кузов увеличенного (по сравнению с двухосными вагонами) габарита, установленный с помощью люлечного подвешивания на две двухосные поворотные тележки безбалансирного типа со всеми обмоторенными осями. Вагоны КМ имели закрытые торцевые площадки и двери во весь проем (у предыдущих вагонов двери были по высоте до уровня окон)[302].

С 1929 года в Воронеж начинают поступать двухосные вагоны Х и М, однако имевшийся подвижной состав не мог удовлетворить все более растущие потребности города в средствах передвижения. Попробовать решить этот вопрос взялся главный инженер трамвайного депо Лукин К.В., предложив строить новые лини городского трамвая в Воронеже с учетом использования вагонов железнодорожного габарита с двумя широкими проходами в салоне (схема расположения диванов 1+2+1), небольшими площадками в торцах и широкой площадкой в центре вагона для одновременной посадки в вагон с посадочных платформ со стороны межпутья и выхода пассажиров в сторону тротуара[303].

В 1931 году Лукин К.В. договорился с правлением Юго-Восточной железной дорогой о передаче первых 4 старых пригородных железнодорожных вагона для перестройки и Вагоноремонтным заводом им. Тельмана, который и должен был реализовать планы Лукина в жизнь. Строительство первого трамвая началось в этом же году. На осях тележек железнодорожного вагона были смонтированы 4 двигателя ДМ-1А, удлинили торцевые площадки-тамбуры, на которых были установлены контроллеры и в торцах которых были смонтированы остекленные посты для водителя; на крыше над тележками были установлены дуговые токоприемники М-1, между которыми были расположены пускотормозные реостаты. Вырезание в кузове средней площадки на первом вагоне решили не производить из-за старости рамы вагона. Общая стоимость постройки моторного вагона составила 30 тыс. руб. (вагон Х стоил 35 тыс. руб.). Данный трамвай с присвоенным бортовым номером 31 был принят в эксплуатацию 1 января 1932 года[304]. Учитывая существенную экономию средств при постройке трамвайного вагона местным заводом по сравнению с приобретение в Мытищах и не проводя анализ технико-транспортных характеристик построенного вагона Лукина Воронежский городской совет рабочих, крестьянских и красноармейских депутатов решил в 1932 году выделить средства на постройку 6 моторных и 7 прицепных трамвайных вагона на Вагоноремонтном заводе им. Тельмана и в ближайшие два года довести численность четырехосных трамвайных вагонов железнодорожного габарита до 35 единиц[305].

Эксплуатация вагонов Лукина показала огромное число недостатков в их конструкции: низкая скорость из-за большой массы и маломощных двигателей, узкие торцевые площадки-тамбуры и высокие ступеньки, большой тормозной путь… Проекты постройки и реконструкции трамвайных линий в Воронеже для эксплуатации вагонов с железнодорожными габаритами противоречили требованиям к трамвайным линиям НККХ РСФСР[306]. Всё это привело к тому, что после 1932 года вагоны Лукина больше не строились.

Следующими важными показатели трамвайной системы являются длина путевой сети по оси улиц, длина одиночного пути, длина эксплуатационных путей. Первый и третий показатели являются узкоспециальными и стали применяться в послевоенное время, до этого основной характеристикой протяженности трамвайной сети являлась длина одиночного пути.

Рассмотрим в таблице 2.2.2 показана длина сети электрических трамвайных систем в городах Центрального Черноземья в конце XIX — первой трети XX вв.

Таблица 2.2.2. Техническая характеристика сети (одиночного трамвайного пути) в городах Центрального Черноземья в конце XIX — первой трети XX вв.

Год постройки участка пути	Протяженность участка пути (км)	Общая протяженность сети (км)	Тип рельсов	Тип основания	Тип замощения	Стрелок сборных пар	Крестовин сборных
Курск[307]							
1898	9,0	9,0	Виньоль IIA, IIIA, IVA	Шпальное на песчаном балласте	Булыжное	н/д	н/д
1931	0,45	9,45	Виньоль IIA, IIIA,	Шпальное на песчаном балласте	Булыжное	14	14
1935	5,25	12,85	Виньоль IIA, IIIA,	Шпальное на песчаном балласте	Без замощения	н/д	н/д
1935	1	15,6	Виньоль IIA, IIIA,	Шпальное на песчаном балласте	Булыжное	н/д	н/д
Орёл[308]							
1898	16,23	10	Виньоль	Шпально-	Булыжн	н/д	н/д

			IIА, IIIА, IVА, Феникс	щебеночное, бетонное	ое		
1899	1,8	11,2	Феникс	Шпально-щебеночное	Булыжн ое	н/д	н/д
1907	1,12	11,8	Виньоль IIА, IIIА, IVА	Шпально-щебеночное	Без замощен ия	н/д	н/д
1925	1,8	11,15	Виньоль IIА, IIIА, IVА	Шпально-щебеночное	Булыжн ое и без замощен ия	н/д	н/д
1932	1	11,82	Виньоль IIIА	Шпально-щебеночное	Без замощен ия	29	41
1937	1,2	21,7	Виньоль IIА, IIIА, IVА	Шпально-щебеночное	Булыжн ое	н/д	н/д
Воронеж[309]							
1926	11,2	11,2	Виньоль IIА, IIIА, IVА	Шпально-щебеночное	Булыжн ое	н/д	н/д
1927	3	14,2	Виньоль IIА, IIIА, IVА	Шпально-щебеночное	Булыжн ое	н/д	н/д
1928	6	22,2	Виньоль IIА, IIIА, IVА	Шпально-щебеночное	Булыжн ое	н/д	н/д
1929	3,2	25,4	Виньоль IIА, IIIА, IVА	Шпально-щебеночное	Булыжн ое	н/д	н/д
1932	11	36,4	Виньоль IIА, IIIА, IVА	Шпально-щебеночное, бетонное	Булыжн ое	н/д	н/д
1934	2,7	39,1	Виньоль IIА, IIIА, IVА	Шпально-щебеночное	Булыжн ое	н/д	н/д
1935	1,5	47	Виньоль IIА, IIIА, IVА	Шпально-щебеночное	Булыжн ое	н/д	н/д
1937	4,7	51,7	Виньоль IIА, IIIА,	Шпально-щебеночное	Булыжн ое	н/д	н/д

			IVA				

Трамвайная сеть Курска на конец 1937 года состояла из 4 участков, построенных в разное время:

1) линия от Московских шпилей по ул. Карла Маркса — Ленина — Дзержинского до Херсонских шпилей длиной 9,0 км одиночного пути, введена в эксплуатацию в 1898 году (двойной путь, длина по оси улиц около 4,5 км);

2) линия от Херсонских шпилей до Херсонского кладбища длиной 0,45 км одиночного пути, введена в эксплуатацию в 1931 году (двойной путь, длина по оси улиц около 0,18 км);

3) линия от мединститута по ул. Ямская гора — Шоссейной до вокзала длиной 5,25 км одиночного пути, введена в эксплуатацию в 1935 году (двойной путь, длина по оси улиц около 3 км);

4) линия от ул. Дзержинского по ул. Добролюбова длиной 1 км одиночного пути, введена в эксплуатацию в 1935 году (одиночный путь, длина по оси улиц около 1 км).

Трамвайная сеть Орла на конец 1937 года состояла из 8 участков, построенных в разное время:

1) линии от пл. Карла Либкнехта до Ильинской площади, от Ильинской площади до вокзала, от Ильинской площади до областной больницы длиной 14,23 км одиночного пути, введены в эксплуатацию в 1898 году (двойной путь, длина по оси улиц около 8 км);

2) линия от Ильинской площади до ул. Новосильской длиной 2 км одиночного пути, введена в эксплуатацию в 1898 году (одиночный путь, длина по оси улиц около 2 км);

3) продление линии у вокзала длиной 1,2 км одиночного пути, введена в эксплуатацию в 1899 году (двойной путь, длина по оси улиц около 0,76 км);

4) линия от ул. Новосильской до железнодорожного переезда длиной 0,6 км одиночного пути, введена в эксплуатацию в 1899 году (одиночный путь, длина по оси улиц около 0,6 км);

5) линия от ул. Пушкина до рабочего городка спиртоводочного завода длиной 1,12 км одиночного пути, введена в эксплуатацию в 1907 году (одиночный путь, длина по оси улиц около 1,12 км);

6) линия от пл. Карла Либкнехта до заставы длиной 1,8 км одиночного пути, введена в эксплуатацию в 1925 году (одиночный путь, длина по оси улиц около 1,8 км);

7) грузовая линия от заставы до кирпичного завода №20 длиной 1 км одиночного пути, введена в эксплуатацию в 1932 году, совмещена с пассажирским движением (до Дома дорожного мастера) в 1933 году (одиночный путь, длина по оси улиц около 1 км);

8) вторая колея линии от пл. Карла Либкнехта до Дома дорожного мастера 1,2 км одиночного пути, введена в эксплуатацию в 1937 году (двойной путь, длина по оси улиц около 1,2 км);

Трамвайная сеть Воронежа на конец 1937 года состояла из 10 участков, построенных в разное время:

1) линии от вокзала по проспекту Революции, Кольцовскому скверу, Староконной площади, ул. Свободы до Маслозавода и от вокзала по проспекту Революции, ул. Ленина до ЦПКиО длиной 9,4 км одиночного пути, введены в эксплуатацию в 1926 году (двойной путь, длина по оси улиц около 3,8 км);

2) линия от вокзала по проспекту Революции, ул. Ленина до ЦПКиО длиной 1,8 км одиночного пути, введена в эксплуатацию в 1926 году (двойной путь, длина по оси улиц около 1,4 км);

3) линия от Кольцовского сквера по Плехановской ул. до заставы длиной 3 км одиночного пути, введена в эксплуатацию в 1927 году (двойной путь, длина по оси улиц около 1,8 км);

4) линии от проспекта Революции (Петровский сквер) по ул. Степана Разина до Чернавского моста и от Маслозавода до конца ул. Краснознаменной длиной 6 км одиночного пути, введены в эксплуатацию в 1928 году (двойной путь, длина по оси улиц около 3 км);

5) линия от ЦПКиО до СХИ длиной 2 км одиночного пути, введена в эксплуатацию в 1928 году (одиночный путь, длина по оси улиц около 2 км);

6) линия от заставы по ул. Плехановской до завода им. Коминтерна длиной 3,2 км одиночного пути, введена в эксплуатацию в 1929 году (двойной путь, длина по оси улиц около 1,68 км);

7) линии от Маслозавода через Вогрэсовский мост до конца улицы Героев Стратосферы и от Вогрэсовский моста до завода СК-2 длиной 11 км одиночного пути, введены в эксплуатацию в 1932 году (двойной и одиночный путь, длина по оси улиц около 5,3 км);

8) вторая колея линии от ЦПКиО до СХИ длиной 2,7 км одиночного пути, введена в эксплуатацию в 1934 году (двойной путь, длина по оси улиц около 2 км);

9) линия от улицы 20-летия Октября по Кольцовской улице до Механического завода длиной 1,54 км одиночного пути, введена в эксплуатацию в 1935 году (одиночный пути, длина по оси улиц около 1,5 км);

10) вторая колея от Вогрэсовского моста до конца улицы Героев Стратосферы и от Вогрэсовского моста до завода СК-2, вторая колея от улицы 20-летия Октября по Кольцовской улице до Механического завода длиной 4,7км одиночного пути, введены в эксплуатацию в 1937 году (двойной путь, длина по оси улиц около 8 км).

Следующим важным показателем, отражающим работу трамвайной системы является её энергохозяйство, а точнее ее тяговые подстанции.

Курский трамвай с 1896 года обеспечивался электроэнергией от собственной паротурбинной электростанции, оснащенной 3 паровыми водотрубными котлами с общей площадью нагрева 450 м^2, 2 паровыми машинами общей мощностью 400 л.с. и 2 динамо-машинами мощностью 110 КВт каждая. В связи с вводом в 1934 году новой тяговой подстанции №1, электростанция трамвая с полностью изношенным к этому времени оборудованием была переведена на поддержку освещения улиц и подачу электроэнергии потребителям, проживающим в районе за рекой Кур.

В 1934 году в Первомайском саду Курска была введена в эксплуатацию тяговая преобразовательная подстанция №1 мощностью 600 КВт, запитывавшаяся от городской электростанции. Подстанция была оборудована 2 ртутными выпрямителями типа РВ-5, мощностью по 300 КВт каждый. Подстанция имела 2 этажа, питалась током 6000 В через самостоятельные фидеры; силовые трансформаторы размещались в отдельных камерах, ртутные выпрямители охлаждались водой. Для обеспечения бесперебойной работы подстанция была оборудована одним резервным агрегатом[310].

Орловский трамвай получал электроэнергию напрямую от центральной городской электростанции, открытой в 1898 года, оснащенной 4 паровыми машинами по 200 л.с. каждая и генераторами постоянного тока[311]. В 1923 году она была реконструирована и переоборудована, благодаря чему её мощность увеличилась до 3560 КВт[312].

Паротурбинная электростанция воронежского трамвая мощностью 2000 КВт была построено задолго до пуска трамвайного движения: в 1915 году. И в связи с отсрочкой запуска трамвайного движения из-за начавшейся Первой мировой войны электростанция трамвая была реконструирована для покрытия нужд города в электроэнергии . Поэтому при запуске трамвайного движения в 1926 году трамвайное хозяйство получало необходимую электроэнергию от городских электростанций, а при вводе в эксплуатацию в 1933 году Воронежской государственной районной электростанции (ВОГРЭС) мощностью 24 МГВт, все линии трамвайной сети запитывались от подстанций, входящих в единую энергосистему Воронежского энергокомбината (объединение ВОГРЭС, ГЭС-1 и электросетевого предприятия Управление сетей и подстанций). К концу 1930-х годов нужды трамвая обеспечивали 3 тяговые преобразовательные подстанции общей мощностью 2550 КВт[314].

Для хранения, осмотра и ремонта подвижного состава в каждой из трамвайных систем имелись депо и мастерские.

Первое депо курского трамвая было открыто в 1897 году и располагалось на Выгонной улице. Оно включало в себя два сооружения: кирпичный вагонный сарай-профилакторий на 4 тупиковых пути с ямой для осмотра и ремонта подвагонного оборудования и отдельно стоящие деревянные мастерские, в которых были смонтировали 2 токарных станка, пресс, ручной сверлильный станок и 4 домкрата. Помещения в депо не отапливались. Между профилакторием и мастерскими был проложен веер на два пути с окончанием тупиком[315].

В 1931 году на улице Карла Маркса было открыто новое депо на 20 вагономест, представлявшее из себя также профилакторий с мастерскими. При переводе трамвайного хозяйства в новое депо старое было заброшено. В новом профилактории имелись 6 канав, 3 из которых являлись тупиковыми и на которых велись ремонтные работы, а 3 использовались для проведения ночного и дневного осмотров. Само здание депо было построено из кирпича с плоским железобетонным перекрытием, опиравшееся на железобетонные колонны, пол в профилактории был дощатый по эстакадам. Площадь здания депо 1271 кв. м. Габариты депо — расстояния между вагонами и колоннами, в воротах, между осями канав и т.д. были рассчитаны под стандартные советские двухосные вагоны.

В 1934 году к зданию депо было пристроено помещение мастерских площадью 520 кв. м с кирпичными стенами и деревянными перекрытиями, где были размещены электросварочная, компрессорная, столярная, механическая, электроцех, контора и инструментальная. Из-за недостатка площадей кузница была размещена в помещении топливного склада котельной, а ряд мастерских депо курского трамвая не имело: малярной, моторной, слесарно-агрегатной, пневматической, гальванической и обойной. По этой же причине отсутствовали мастерские для службы пути и электрохозяйства, также отсутствовала пескосушилка (песок заготавливался летом). В 1934 году помимо мастерских в депо был построен кирпичный гараж на 4 автомобиля.

Мастерские депо были оборудованы станками (2 токарными, 3 сверлильными, 1 строгательным, 1 шлифовальным), прессами (3 шт.), сварочными аппаратами (2 шт.), приводной ножовкой и подъемными кранами (2 шт.). Пропускная способность мастерских в одну смену составляла 6 вагонов капитального ремонта в год. Мастерские депо обслуживали не только нужды трамвая, но и выполняли работы для других коммунальных предприятий города: электростанции, водопровода, бани и др.

Трамвайные пути в депо были уложены в 1931 году из старых рельсов типа BIIA, BIIIA и BIVA на шпально-песчаном основании, протяженностью 1320 м одиночного пути. Развитие парковых путей было слабым, а его дальнейшее развитие было невозможно из-за ограниченной территории.

Помимо депо в 1931 году было построено здание Управления трамвая. Стены здания были выстроены из кирпича с деревянно-балочными перекрытиями, крыша четырехскатная, покрыта железом.

Депо не имело необходимых бытовых помещений: раздевальной, душа, буфета, комнаты отдыха и т.д. Из-за тесноты в мастерских невозможно было создать нормальные производственные условия для работников и сотрудников, что отражалось на качестве производимых работ[316].

Орловское трамвайное депо было построено в 1897 году. Кирпичное здание профилактория было совмещено с мастерскими. Вместимость депо 36 вагономест. Профилакторий и веер имели 4 пути протяженностью 53 м и 307 м одиночного пути соответственно с использованием рельсов типа BIIA, BIIIA и BIVA на шпально-щебеночном основании.

Депо имело 9 мастерских: слесарно-механическую (были установлены 4 пожарных станка, строгальный, фрезерный, сверлильный, шлифовальный станки и гидравлический пресс), обмоточную (был установлен мотор-генератор), кузницу (были установлены 2 горна с принудительной конвекцией), электросварочную (были установлены 2 трансформатора), инструментальную (были установлены шлифовальный и сверлильный станки), бандажную (был установлены 1 горн с регулируемой конвекцией), столярную (были установлены строгальный, фрезерный, токарный станки, ленточная пила, круглая пила, песочное точило, ручная краскотерка и 6 верстальных станков), ремонтно-тележечную (имела 2 смотровые канавы вместимостью в 1 вагон каждая) и малярную (вместимость 1 или 2 вагона при одновременной окраске). К концу 1930-х годов всё оборудование было полностью изношено и требовало капитального ремонта или замены. Мастерские орловского трамвая помимо нужд трамвая обслуживали также и другие коммунальные предприятия города: водопровод, электростанции и др. Работа на сторону составляла около 6% всей производственной программы. Пропускная способность вагоноремонтных мастерских в месяц при работе в 1 смену выражалась в производстве капитального ремонта 1 вагона[317].

Воронежское трамвайное депо было построено на месте ипподрома в 1914 году и до 1924 года использовалось в качестве парка конно-железной дороги. В 1926 году депо было переоборудовано и расширено для обслуживания электрических трамвайных вагонов, его вместимость составляла 180 вагономест. Кирпичное здание профилактория с 8 канавами вмещало 40 вагонов. Объем депо и мастерских составляли 52000 м^3. В мастерских было смонтировано 30 агрегатов различной направленности: станочное, кузнечно-прессовое, литейное и другое механическое оборудование.

Трамвайные пути в депо были уложены в 1914 году из рельсов типа BIIA, BIIIA и BIVA на шпально-песчаном основании, протяженностью 4100 м одиночного пути[318].

Обслуживал трамвайные предприятия относительно небольшой штат сотрудников. До настоящего времени сохранилось очень немного информации о численности и заработной плате работников трамвая в период с 1898 по 1937 года. Краткая информация о штате сотрудников трамвайных предприятий и их заработной плате приведена в таблице 2.2.3.

Таблица 2.2.3. Штат сотрудников трамвайных хозяйств и их средняя заработная плата в городах Центрального Черноземья в конце XIX — первой трети XX вв[319].

	1912	1922	1925	1932	1937
Курск	60: вожатых 20 кондукторов 20 рабочих 18		103	193	
Орёл		210		200	454: вожатых 54 кондукторов 88 рабочих 25
Воронеж	—	—	—	640	830
Средняя заработная плата, руб	вожатый 23 кондуктор 23 рабочий 10				вожатый 7,8 кондуктор 5,38

Обучение машинистов (вагоновожатых) в Курске и Орле производилось в депо, в Воронеже первых водителей обучали в Москве (из-за однотипности подвижного состава). Для получения работы кондуктора нужно было внести залог в размере месячной заработной платы. Активно практиковалось совмещение должностей: многие водители работали попеременно кондукторами и контролерами. Рабочие, обслуживающие подвижной состав, путевое и энергохозяйство набирались из бывших сотрудников железной дороги. Те, кто не имел опыта работы на железной дороге, приставлялись к работникам со стажем в качестве учеников. Коллектив предприятий состоял в основном из мужчин[320]. Проведенный в 1925 году анализ кадров курского трамвая показал, что из всего штата, составлявшего 103 человека, необходимое специальное образование для занимаемой должности имело только 28% сотрудников (29 человек). Остальные 72% (73 человека) не имели необходимой квалификации[321].

Основным показателем, отражающим эффективность функционирования общественного транспорта является количество перевезенных пассажиров. В таблице 2.2.4 отражено число перевезенных пассажиров трамваями Курска, Орла и Воронежа в разные годы XIX и XX веков.

Таблица 2.2.4. Количество перевезенных пассажиров в городах Центрального Черноземья в конце XIX — первой трети XX вв. на конец года, в тыс. чел.[322].

	1898	1910	1915	1920	1925/1926	1929/1930	1932	1935	1937
Курск		500		нет движения	2800	4425	7203	11443	18368
Орел		4000	6516	нет движения	2297,5	5922,9	7474	7714,5	11272
Воронеж	—	—	—	—	2220	36700	31350	48000	57085

Пассажиропоток трамвая сильно зависит от многих факторов: как и от доступности трамвайных линий, так и от тарифов, определяющих стоимость проезда. В таблице 2.2.5 отражена динамика изменения стоимости проезда в трамваях Курска, Орла и Воронежа с 1898 по 1937 год.

Таблица 2.2.4. Стоимость проезда в городах Центрального Черноземья в конце XIX — первой трети XX вв. на конец года, в тыс. чел.[323].

	1898	1910	1918	1920	1923	1925	1930	1935	1937
Курск	5 коп: 1 станция 8 коп: 2 станции	5 коп: 1 станция 8 коп: 2 станции	нет движения	нет движения	нет движения	8 коп: 1 станция 15 коп: 2 станции	8 коп: 1 станция 15 коп: 2 станции	5 коп: 1 станция 12 коп: 2 станции 15 коп: 3 станции	5 коп: 1 станция 12 коп: 2 станции 15 коп: 3 станции
Орел	5 коп: 1 станция 8 коп: 2 станции	5 коп: 1 станция 8 коп: 2 станции	50 коп: 1 станция 80 коп: 2 станции	нет движения	70 руб: 1 станция 110 руб: 2 станции	8 коп: 1 станция 12 коп: 2 станции	8 коп: 1 станция 12 коп: 2 станции	8 коп: 1 станция 12 коп: 2 станции	8 коп: 1 станция 12 коп: 2 станции
Воро-	—	—	—	—	—		10	10	10

неж							коп: 1 станция 15 коп: 1,5 станции 20 коп: 2 станции	коп: 1 станция 15 коп: 1,5 станции 20 коп: 2 станции	коп: 1 станция 15 коп: 1,5 станции 20 коп: 2 станции

Рост суммарного числа перевезенных пассажиров говорит об эффективности работы и востребованности у населения городского трамвая, даже не смотря на остановку трамвайного движения (в Курске в 1918 году, в Орле — 1919 году) и изменения тарифов в связи с Октябрьской революцией и Гражданской войной, после запуска трамвая в начале 20-х годов XX века (в Курске в 1924 году, в Орле — 1922 году, в Воронеже — 1926 году) пассажиропоток резко возрастает и превышает дореволюционные максимумы. Прокладка новых линий и обновление подвижного состава так же способствуют всё большему распространению трамвая в городах Центрального Черноземья, что делает его основным видом общественного транспорта в конце 30-х годов XX века.

Рассматривая работу трамвайных хозяйств на протяжении временного интервала 1898-1937 гг. можно отметить постоянную неэффективность его работы, что в различное время объяснялось разными причинами:

- в дореволюционный период причиной неэффективности работы предприятий было желание владельцев акционерных обществ сэкономить на электротранспортной инфраструктуре и максиминизировать свою прибыль от эксплуатации;

- в период восстановления трамвайных хозяйств после Гражданской войны (1920-е гг.) неэффективность была обусловлена износом инфраструктуры и отсутствием средств на её модернизацию, а также дефицитом товаров для электротранспорта на всероссийском рынке;

- в 1930-е гг., несмотря на обновление подвижного состава, строительство новых линий и роста технико-экономических показателей, трамвайные хозяйства городов Центрального-Черноземья не могли удовлетворить транспортные потребности жителей городов из-за небольших парков подвижного состава и его малой вместимости, несовершенных технологий строительства трамвайных путей, ограничивавших эксплуатационную скорость, а также из-за отсутствия у руководителей предприятий четкого видения правильной организации транспортного сообщения (зачастую вызванного недостатком профессиональных знаний и умений ввиду отсутствия профильного образования).

ГЛАВА 3

ТРАМВАЙ В ПОВСЕДНЕВНОЙ ЖИЗНИ ЖИТЕЛЕЙ ЦЕНТРАЛЬНОГО ЧЕРНОЗЕМЬЯ

§ 3.1 Управление отраслью электрического городского транспорта

Общий контроль над проектированием, строительством и эксплуатацией в существующих конно-железных дорогах, трамвайных хозяйствах с разнородными двигателями и в отрасли электрического освещения с 1892 года по 1904 год осуществляло 6-е отделение Хозяйственного департамента Министерства внутренних дел. Так же в функции Хозяйственного департамента входил вопрос разрешения конфликтов и споров между концессионерами и городскими властями (если трамвай был построен по концессии).

22 марта 1904 года было учреждено Главное управление по делам местного хозяйства и Совет местного хозяйства МВД, после чего Хозяйственный департамент был устранен. Начальник Главного управления назначался императором и являлся заместителем министра внутренних дел в высших государственных учреждениях. Также начальник Главного управления по делам местного хозяйства состоял в Совете министра внутренних дел. Главное управление и Совет местного хозяйства просуществовали до 1917 года.

Контроль над техническим проектированием и процессом строительства новых трамвайных предприятий в городах Российской империи осуществлял Технико-строительный комитет Министерства внутренних дел, существовавший с 1865 года по 1918 год. Комитет рассматривал проекты договоров, технические проекты, схемы трассировки линий, приложения и др. документы, предоставляемые на рассмотрение Министерству внутренних дел из городских управ (после их утверждения городскими думами и губернаторами)[324].

До 1917 года трамвайные предприятия Курска и Орла находились в частных руках, будучи сданными в концессию на 49[325] и 40[326] лет соответственно. Владельцами трамваев являлись бельгийские общества Курский трамвай (Tramways de Koursk) и Орловский трамвай (Tramways et Éclairage de la Ville d'Orel). Между городскими властями Курска и Орла и трамвайными компании постоянно возникали конфликты, куда втягивались Министерство внутренних дел, Правительствующий Сенат и бельгийское посольство[327]. Директором трамвая на местном уровне руководство бельгийского общества назначало одного из акционеров. Поскольку число акционеров ответственных агентов, представляющих анонимное общество на территории Российской империи было не велико, то они переходили из одного управления бельгийского трамвая в другое, или даже являлись директорами нескольких трамваев одновременно, так, например, Далебру Генрих Львович в 1915–1916 годах являлся одновременно директором и курского, и орловского трамваев[328].

До середины 30-х годов XX века не существовало ни научно-производственной базы, ни системы подготовки кадров, единой системы норм и стандартов при проектировании, строительстве и эксплуатации трамвайных систем, поэтому технического надзора за трамвайными системами не осуществлялось, что и являлось причиной конфликтов городских властей с администрациями трамвайный предприятий, которые не стремились вкладывать много средств в поддержание подвижного состава в исправном состоянии и нанимать в штат квалифицированных работников.

Подержанные трамвайные вагоны для предприятий Курска и Орла были изначально закуплены в Бельгии, несмотря на регулярные рассылки рекомендаций Министерства внутренних дел о необходимости поддержки российских вагоностроительных заводов[329]. Трамвайное хозяйство в городах Центрального Черноземья ограничивалось строительством одного небольшого депо, одной тяговой подстанции, небольшой путевой сетью в городе (в Орле частично одноколейной) и десятком деревянных двухосных вагонов. Специализированные вагоноремонтные мастерские для проведения капитального ремонта трамвайных вагонов из всех городов империи, где имелось трамвайное движение, были построены только в Москве, Петербурге и Киеве[330].

В годы Первой мировой войны и революции в условиях призыва на военную службу, массового роста цен, прекращения связей с бельгийскими заводами, производившими оборудование для трамвайных систем качество технического обслуживания городского электрического транспорта существенно ухудшается: обветшавшие вагоны, рельсовые пути и контактная сеть с питающими подстанциями требовали ремонта, а находящиеся на ходу вагоны были постоянно перегружены.

Война на долгий срок отложила вопрос запуска трамвайного движения в Воронеже, где к 1915 году система городского электрического трамвая была готова на 86%[331].

При Временном правительстве трамвайные предприятия резко становятся убыточными. Пытаясь обеспечить хоть небольшую прибыль бельгийские управляющие в несколько раз увеличивают стоимость проезда и сокращают все возможные затраты, в том числе и размеры заработной платы, что привело к принятию Временным правительством в августе 1917 года закона об иностранных концессионерах, резко ограничившего их в принятии самостоятельных решений. А для контроля сборов и ограничения максимального размера стоимости оплаты проезда 19 сентября 1917 года Временное правительство передало эти вопросы в ведение 5-го отделения Отдела внутренней торговли Министерства торговли и промышленности. Остальные вопросы, касающиеся эксплуатации трамвайных предприятий остались в ведомстве Главного управления по делам местного хозяйства МВД[332].

В ходе революции происходит остановка городских электростанций из-за прекращения подвоза топлива, и как следствие трамвайного движения, а трамвайные хозяйства с течением времени быстро пришли в упадок. Прошедший в 1923 году в Москве трамвайный съезд констатировал, что для восстановления большинства остановленных трамвайных систем потребуется «огромная сумма денег, непосильная для современного коммунального бюджета»[333]. Так, например, стоимость восстановления курского трамвая, остановившегося в 1919 году, в 1923 году оценивалась в 305 тыс. руб., в том числе: пути, воздушное и кабельное оборудование — 175 тыс. руб., подвижной состав — 80 тыс. руб., станции и подстанции — 45 тыс. руб., остальные сооружения — 5 тыс. руб.[334].

28 июня 1918 года Декретом Совнаркома о национализации все коммунальные предприятия (водоснабжение, газовые заводы, трамваи с разнородными двигателями, конно-железные дороги и предприятия канализации) на всей территории Советской республики перешли в собственность Советов рабочих и крестьянских депутатов[335]. Декретом Совнаркома от 25 августа 1921 года в целях восстановления, развития и рациональной эксплуатации коммунальных предприятий была установлена единая плата по всей республике за пользование водопроводом, газом, электричеством, канализацией, городскими железными дорогами, банями, прачечными, починными мастерскими и предприятиями по очистке дымовых труб[336].

Проведение национализации привело к необходимости создания новой системы управления промышленностью и предприятиями и создаю нового аппарата государственного управления.

19 декабря 1917 года Постановлением СНК РСФСР был образован Комиссариат местного самоуправления РСФСР[337]. 16 декабря 1917 года Комиссариату было передано образованное в 1904 году Главное управление по делам местного хозяйства МВД.

В первые месяцы после революции Комиссариат занимался координированием и надзором за деятельностью еще не ликвидированных органов городского и местного самоуправления. В марте 1918 года в аппарате НКВД РСФСР был создан отдел местного хозяйства[338], который в апреля 1920 года был переименован в коммунальный отдел, заменивший Комиссариат местного самоуправления РСФСР[339]. В 1921 году коммунальный отдел НКВД РСФСР был преобразован в Главное управление коммунального хозяйства (ГУКХ) НКВД РСФСР[340].

Отдел, а впоследствии Главное управление осуществляли общее руководство деятельности органов коммунального хозяйства на местах в области жилищного дела, городского и сельского благоустройства, дорожного дела, эксплуатации и управления коммунальными предприятиями, городскими строениями и землями и местным транспортом[341].

Трамвайные предприятия, находящиеся в собственности городских советов, стали также подчиняться Главному управлению коммунального хозяйства НКВД РСФСР. Основной функцией Главного управления стало издание нормативной документации, регулирующей деятельность трамвайного транспорта в республике.

Однако разработкой единых технических правил и норм в области городского электротранспорта Главное управление не занималось и данная проблема продолжила существовать до середины 20-х годов XX века, когда начали проходить первые всесоюзные трамвайные съезды, по итогам которых стала формироваться единая техническая политика трамвайных предприятий, первыми шагами которой стали 2 положения: проектирование и производство стандартного подвижного состава всеми вагоностроительными заводами республики и перевод всех трамвайных хозяйств страны на широкую колею[342].

Происходившие изменения на государственном уровне порождали изменения в управлении и подчинении трамвайных предприятий в городах Центрального Черноземья.

30 июня 1918 года курский трамвай был национализирован. Бельгийское руководство еще формально управляло имуществом предприятия и приказало законсервировать оборудование остановившегося трамвая. В 1919 году директор Бернар и инженер по трамваю Рейске уехали из Курска, забрав всю документацию, увезти дорогостоящее оборудование им помешали сотрудники депо[343]. 26 февраля 1919 года трамвайное хозяйство было передано Правлению государственных электрических станций г. Курска «Электросвет». 5 августа 1923 года трамвай передан в ведение Курской государственной технической конторы по электрификации Курской губернии «Электрострой», а 18 октября все электрические станции города и трамвайное хозяйство были переданы комбинату №1 «Водосвет» городского отдела местного хозяйства[344].

После национализации 25 января 1918 года орловское трамвайное хозяйство перешло в ведение Заводского комитета трамвая, который в августе был преобразован в Правление орловского городского трамвая, упраздненное в 1920 году. Трамвайное предприятие перешло в состав Орловской государственной центральной электростанции Губсовнархоза, откуда в феврале 1927 года оно было вычленено как отдельный трест «Эльтрамвод»[345].

Воронежское трамвайное хозяйство находилось с 1926 года в ведении коммунального треста «Воронежский городской электрический трамвай» Губкоммунотдела[346].

В 1930 году НКВД РСФСР было ликвидировано. Согласно Постановлению Центрального исполнительного комитета СССР и СНК СССР 15 декабря 1930 года было ликвидировано и Главное управление коммунального хозяйства НКВД РСФСР[347] и на его основе было создано Главное управление коммунального хозяйства (ГУКХ) при СНК РСФСР[348].

Главное управление, создаваемое на правах министерства, руководило планированием, регулированием коммунального и жилищного хозяйства, пожарной охраной и технико-экономическим регулированием непромышленного строительства (административных зданий, больниц, школ). Так же Главное управление осуществляло управление и контроль местных органов коммунального хозяйства и процесса подготовки кадров для коммунального хозяйства. А в апреле 1931 года из Высшего совета народного хозяйства Главному управлению были переданы все функции управления проектированием гражданского жилищного строительства[349].

Вопросами функционирования городского электрического транспорта в ГУКХ при СНК РСФСР занимался Транспортный отдел (Дорожно-транспортный отдел или Отдел транспорта). По проекту штатного расписания среди пяти единиц отдела была предусмотрена должность инженера по трамваю, единолично отвечающего за работу всего городского электрического трамвая республики. Однако при окончательном утверждении штата данной должности не оказалось. Среди 6 штатных единиц в транспортном отделе ГУКХ в 1931 году работали зав. отделом, зам. зав. отделом, инженер, экономист, помощник ответственного исполнителя и делопроизводитель[350].

Постановлением ВЦИК и Совнаркома РСФСР от 20 июля 1931 года на базе ГУКХ при СНК РСФСР был образован Народный комиссариат коммунального хозяйства (НККХ) РСФСР[351].

Дорожно-транспортный отдел при подчинении НККХ получил следующие функции[352]:

1) руководство строительством и эксплуатацией всех видов пассажирского и грузового коммунального транспорта и дорожно-мостового хозяйства в городах, дачных и курортных поселках РСФСР;

2) разработка вопросов, связанных с рационализацией и эксплуатацией пассажирского и грузового коммунального

транспорта и дорожно-мостового хозяйства, а так же ведение изысканий в области перевода этих видов на более высокий технический и организационный уровень в соответствии с темпами реконструкции и развития всего коммунального хозяйства;

3) руководство организацией хозяйств пассажирского и грузового транспорта и дорожно-мостового хозяйства на местах,

4) контроль за деятельностью местных органов коммунального хозяйства в области развития коммунального пассажирского и грузового транспорта и дорожно-мостового хозяйства.

Для лучшей работы на местах Наркоматом создавались краевые (областные) отделы коммунального хозяйства и городские отделы коммунального хозяйства[353].

В соответствиями с изменениями в отрасли 1 января в 1933 года в Курске был ликвидирован комбинат №1 «Водосвет» Курского губотдела местного хозяйства, а трамвайное хозяйство передано непосредственно в ведение горкоммунотделу с преобразованием в трест городского транспорта[354].

В 1932 году из орловского треста коммунальных предприятий «Эльтрамвод» был выделен трест «Орловский городской трамвай»[355].

В 1937 году в Наркомате коммунального хозяйства сформировывается Главное управление трамвайного хозяйства (Главтрамвай)[356]. И с этого времени начинает действовать единое централизованное управление отраслью. Начинает проводиться анализ состояния дел, проводятся первые попытки поиска методов управления[357]:

1) содействие расширению ремонтной базы,

2) внедрение единого типового (стандартного) подвижного состава, унификация оборудования и запасных частей;

3) отстаивание отраслевых интересов в других союзных ведомствах,

4) внедрение единой технической политики в трамвайных хозяйствах РСФСР.

Основное влияние Главтрамваем оказывалось в первые годы работы на техническую сторону городских электротранспортных хозяйств. Экономическая сторона деятельности не рассматривалась, поскольку трамвайные хозяйства являлись прибыльными и регулярно приносили доход государству.

В 1940 году Главтрамвай получает возможности управления высшим кадровым составом всех трамвайных хозяйств: назначение и смещение начальников, главных инженеров и их заместителей предприятий трамвая РСФСР. Главтрамвай получил право издавать распоряжение о функционировании трамвайных хозяйств, обязательные для исполнения для всех краевых, областных коммунальных отделов, ведающих городским электротранспортом и трамвайных хозяйств РСФСР[358]. С этого момента происходит полная централизация управления трамвайными хозяйствами по всем вопросам и электротранспортные предприятия на местах практически полностью лишаются самостоятельности в своей деятельности.

§ 3.2 Организация пассажирских перевозок

После официального открытия трамвайного движения в 1898 году в Курске (18 апреля) и Орле (3 ноября) началась регулярная эксплуатация трамвайных линий. Первые дни работы электрического трамвая новый транспорт воспринимался жителями как аттракцион. Вагоны ходили переполненные пассажирами:

«Многим желающим не находилось места не только в вагонах на скамейках, но даже и на площадках. Ехали — кто по делу, кто — без дела; в общем, большинство ехавших садилось из-за новизны трамвайного движения. Не обходилось дело и без маленьких историй. Так как билеты при сходе пассажиров не отбираются, то находились охотники, преимущественно из простонародья, которые садились в вагоны со старыми билетами. В подобных случаях эти лица с помощью городового были ссаживаемы, не без некоторого сопротивления с их стороны. Вечером движение трамвая ещё более увеличивалось. При освещении города и вагонов электричеством картина движения трамвая получалась красивая, и желающих покататься по всем улицам, за какие-нибудь 20-30 копеек, находилось ещё больше. Все кондуктора от такого наплыва пассажиров к концу вечера были немало измучены. Новизна их положения ясно сказывалась на всем. Они торопились, передавали некоторым лишние деньги сдачи и, наоборот, некоторым недодавали. Во всем движении трамвая наблюдалась в этот день некоторая неравномерность»[359].

Появление электрических трамваев на улицах городов произвело впечатление не только на жителей, но и на гужевой транспорт:

«Лошади еще не могут привыкнуть к движению вагонов, нередко можно видеть волнующихся животных, опрокидывающих экипажи и телеги: на Московской улице возле почты лошадь купчихи Ишуниной, испугавшись проходившего мимо трамвая, наскочила на сидевшую в экипаже жену поручика Кондратовича»[360].

Оплата за проезд в Курске и Орле была установлена одинаковая: 5 коп и 8 коп за проезд в границах 1 станции и за проезд между станциями соответственно, как было указано в концессионном договоре. В договорах также были указаны время работы трамвая (в Курске с 7 до 22 часов, в Орле — до 23 часов), маршруты движения и ограничение скорости (12 верст/час)[361]. Однако другие вопросы эксплуатации оговорены не были: у маршрутов не были установлены постоянные остановки, не были составлены расписания для каждой службы, и как следствие не соблюдались равные интервалы; отсутствовали правила пользования трамваями для пассажиров, не были выработаны правила для дорожного движения для экипажей на улицах с трамвайным движением и т.д. Всё это порождало проблемы и сложности для городского транспорта:

«Вчера на Волховской... один из пассажиров высунулся головою с площадки вагона и смотрел в зад ведущего вагона. В это время вагон проезжал мимо столба, о который высунувшийся так ударился, что сделал большой ушиб головы, вследствие чего у него случилось сильное кровоизлияние. Ушибленный отправлен в богоугодное заведение»[362].

«Третьего дня, в 11 часов ночи, на Московской улице, в месте, где находится стрелка для перевода вагонов на линию по направлению в депо... с вокзала ехал вагон, которому, прежде чем кончить свою работу, нужно было ещё свести пассажиров на Ильинку. В это же время с Ильинки ехал другой пустой вагон, с целью дойти до переходной стрелки и повернуть в депо. Когда оба вагона на полном ходу подошли к стрелке, то вагон, шедший с вокзала, совершенно неожиданно для вагоновожатого, повернул со своего должного пути и быстро перешел на другую линию. Произошло столкновение. Сильно повреждены буфера, навесы. Один из ехавших пассажиров получил рану на голове с большим кровоизлиянием и был отправлен в богоугодное заведение»[363].

Уже через 3 недели работы трамвая в Курске в газете Курские губернские ведомости вышла большая статья, где были перечислены недостатки в работе трамвая:

«... отсутствие четко определенных остановочных пунктов, отсутствие остановочных павильонов, станционных будок и даже скамеек для ожидающих, отсутствие расписания движения и соответственно не равномерность движения, возможность входа и выхода на двух площадках, приводящая к давке и несчастным случаям; пыль, поднимаемая вагонами и летящая в салон, для избежание чего необходимо поливать пути»[364].

В конце мая 1898 года глава городской управы Лавров направил на имя губернатора прошение с указанием проблем в организации пассажирского движения курского трамвая и просьбой обратить на них внимание:

«... Скорость движения трамваев достигает 40 верст в час, вместо установленных 12 верст в час; отсутствует правильное расписание хода вагонов, происходят постоянные неисправности вагонов, служащие трамвая невежливо относятся к публике, общество не устраивает киоски для публики, ежедневно изменяющийся состав служащих, штат которых будучи не знаком с делом, представляет постоянную опасность как для едущих, так и для ходящих по улицам жителей, и, вообще, замечается, что администрация, поставленная во главе эксплуатации трамвая, недостаточно ознакомлена с делом; из установленной на Георгиевской площади при центральной электростанции в машинном отделении трубы выходит едкий черный дым, который распространяется с утра до ночи по всей низменной части города...»[365].

После вмешательства губернатора администрация курского трамвая начала решать перечисленные проблемы, вместе с тем в соседнем Орле руководство города старалось не вмешиваться в работу трамвайного предприятия, несмотря на возмущения общественности. В орловских газетах даже приводились цитаты из гневных отзывов иногородних пассажиров трамвая:

«Курянин особенно возмущался нашим трамваем, который, по его словам, не может даже в сравнение идти с курским трамваем, на котором стоят образцовые порядки. Рельсовый путь курского трамвая несравненно шире, находится всегда в полной исправности, снег очищается и свозится немедленно, вагоны чище и опрятнее, битых стекол и грязных сидений, как у нас, не полагается, движение правильное и беспрерывное, без ожиданий и поминутных перерывов тока... Станционные будки — не конюшни, как у нас, а комнатки с отапливаемыми печами. Летом в них продаются фруктовые и минеральные воды, цветы, прислуга любезная и предупредительная... То же самое подтверждают и наши орловцы, видевшие курский трамвай»[366].

Однако такое внешнее благополучие курского трамвая скрывало за собой тяжелые социальные и трудовые проблемы внутри предприятия, что вылилось в 1901 году в забастовку работников городского электротранспорта:

«В 7 часов утра около парка трамвая собрались машинисты и кондуктора (около 30 человек), но на работу не вышли, а потребовали, чтобы к ним явился для объяснений директор трамвая. Немедленно к ним явился один из администраторов и стал ругаться на собравшихся. После угрозы применения физической силы администратор выслушал требования работников: уменьшение рабочего времени путем увеличения числа смен, упорядочивание штрафов, на которые уходило за месяц почти половина жалования, которое колеблется от 20 до 25 рублей, и раздача от общества трамвая теплой одежды на зиму. К этому времени к депо прибыл полицмейстер с отрядами приставов и городовых в 18 человек. После несогласия разойтись всех работников проводили в третье отделение, куда прибыл жандармский ротмистр. Для решения конфликта он предложил забастовщикам написать расписки, что они выйдут на работу после озвучивания их требований начальству. На следующий день 10 забастовщиков администрация трамвая уволила, а кондуктора Павлова как зачинщика арестовал полицмейстер. Это вызвало новую волну недовольств работников, но благодаря вмешательству жандармерии уволенные работники были восстановлены, а Павлов выпущен через 3 дня. Кроме того представителей от рабочих выслушал вице-губернатор фон-Бюнтинг в присутствии директора трамвая, которому указал, что порядки надо улучшить, а рабочее время сократить...»[367].

В Орле с момента начала открытия трамвайного движения служащим выдавали форменную одежду: шинель, полушубок, ватную одежду и т. д., которая часто оказывалась из плохого материала, даже гнилья, скверной шерсти. Только к 1912 году служащим удалось получить нормальную зимнюю одежду. На конечных пунктах не было теплых будок, многие служащие зимой грелись в ближайших трактирах; контролеры были строгими, а часто и весьма грубыми. Особенно отличались этой славой старший контролер Голяшкин и контролер Казанский, о грубости которых неоднократно писали газеты; второй из них проработал до 30-х годов, и даже тогда его критиковала за грубость "Орловская правда". Кондукторы имели несколько типов билетов, и в ненастье с ними было трудно разобраться. В вагонах всегда набивалось много народа, много пьяных и гуляк, поэтому их работа была достаточно неспокойной[368].

11 июля 1900 года в Орле были введены правила пользования трамваем, установлено точное расположение остановочных пунктов и установлен четкий интервал движения вагонов в 7

минут[369], введение аналогичных правил в Курске затянулось, и они были составлены лишь 24 мая 1912 года, а введены с 7 июля 1912 года[370].

Технологическое несовершенство первых трамвайных вагонов и плохое обслуживание как подвижного состава трамвая, так и инфраструктуры и в Курске, и в Орле приводили к сбоям в движении, различным происшествиям, вызывали справедливое недовольство жителей:

«Вчера даже в трамвайной практике и даже для Орла, где всякие диковины не переводятся, была редкая вещь. Около театра сошел с рельс вагон трамвая. Чтобы поставить его на рельсы, потребовались рабочие, но где их взять? Между тем движение приостанавливается, дремать некогда, надо установить свободное движение, хотя бы по одной колее в оба направления. Решено пока что перевести стрелки, началась сначала расчистка путей, потом уже работа на стрелках. Между тем стряслась третья и четвертая беда. Также около Думы. Сломался на столбе кронштейн или перекладина, на которой лежат проводы, и вагон "Кромская — Новосильская" сорвал с него ролик и печально сел на бобах... там сход рельс, расчистка пути, перевод стрелок, поломка, потеря ролика и... в результате около Думы (это было около часу дня), собрались все 12 вагонов трамвая... Движение приостановилось надолго»[371].

«Третьего дня, вечером, нам пришлось ехать от Мариинского моста к корпусу в трамвае, при этом сквозь крышу закрытого вагона проходил дождь»[372].

«Нас просят обратить внимание администрации трамвая на то, что во многих вагонах побиты стекла в дверных рамах, вследствие чего бывает сквозной ветер»[373].

«Во время движения по Новосильской улице вагоны здесь не идут, а положительно несутся вскачь. Вагон раскачивается так сильно, что перед и зад его то опускаются, то поднимаются, тряся пассажиров неимоверным образом... Качка эта является следствием такого состояния полотна, что, впрочем, заметно и для глаз»[374].

«2 декабря 1903 года за Московскими воротами вагоном №2 электрического трамвая был задавлен крестьянин слободы Пушкарной Казацкой волости Курского уезда Козьма Михайлович Власов»[375].

Выводы о причинах произошедшего по окончании расследования этого пришествия были озвучены 19 марта 1905 года на заседании курского губернского присутствия:

«... ближайшими причинами причинения смерти крестьянину Власову были: полное отсутствие на пути следования вагона от шпилей до Московских ворот, освещения, а также неимение у вагонов сеток, щитов или кожухов, предназначенных предупреждать несчастия с людьми, настигнутыми в пути»[376].

Поскольку это происшествие было первым в истории курского трамвая со смертельным исходом, то через 7 дней после случившего городская управа составила ходатайство к городскому главе о создании комиссии для обследования городского трамвая, которое было произведено 2 января 1904 года. В состав комиссии вошли инженер-электротехник Харьковского почтово-телеграфного округа, губернский архитектор, младший архитектор, представители городского управления, полицейский чиновник и представители управления трамвая. В ходе осмотра подвижного состава и путей был обнаружен ряд неисправностей: износ пути и неисправности в подвижном составе. Результаты обследования были зафиксированы в соответствующем акте. Директор трамвая де Вильде возражал на некоторые замечания, но тем не менее дал подписку об устранении неисправностей. Копия результатов осмотра по ходатайству судебного следователя 2-го участка г. Курска была приобщена к материалу расследования наезда на крестьянина Власова. Директор трамвая де Вильде, который обязался исправить неисправности никаких действий не произвел. После игнорирования замечаний руководством трамвая 11 декабря 1903 городская дума постановила довести до правления бельгийского общества в Брюсселе от имени управы о беспорядках на трамвае, вызывающих негодование всего городского населения[377].

4 марта 1904 года произошло столкновение двух трамвайных вагонов, в результате чего несколько пассажиров получили травмы. 11 марта курский вице-губернатор по ходатайству городского главы приостановил движение трамвая. После пятидневного осмотра трамвая комиссия составила акт, в котором говорилось, что шпалы и столбы контактной сети имеют признаки гниения, вагоны № 1, 2, 6, 7, 11 и 12 не могут быть допущены к движению, вагоны № 4 и 9 могут быть пущены после накладок металлических скоб на треснувшие брусья основания

кузова, а вагон № 9 требует ремонта рельсового тормоза. Вагон № 5 может быть может быть пущен после замены болта на подвеске тягового двигателя. Кроме этого комиссией был указан ряд существенных и опасных неисправностей, а также отмечено, что дирекция трамвая с 4 марта начала усиленный ремонт вагонов, а до 4 марта вагоны содержались в столь плохом состоянии, что угрожали общественной безопасности.

25 марта городской глава на основании акта комиссии допустил к работе 6 трамвайных вагонов, так же 30 апреля им было составлено ходатайство губернатору, что управа, согласно контракту имеет право, а не обязанность, производить осмотр трамвая и только после пятидневного срока после оповещения анонимного общества. Также в виду того, что трамвай не подчинен никакому техническому надзору, а директор трамвая выпустил 25 числа на линию неисправные вагоны, то необходимо подчинение трамвая правительственной комиссии[378].

30 апреля курская городская дума после рассмотрения доклада городского главы об эксплуатации электрического трамвая постановила оштрафовать анонимное общество на 950 рублей за простой вагонов с 5 по 24 марта (50 рублей за сутки)[379].

Вместе с тем трамвай оставался единственным массовым видом общественного транспорта и пользовался популярностью у жителей. Поэтому все связанные с ним события освещались в газетах:

«Станция трамвая на Ильинке заслуживает особого внимания, так как под предлогом ожидания вагона нередко встречаются особы женского пола сомнительного поведения. Они пристают к находящимся в будке мужчинам и иногда заводят с ними непристойные разговоры, от которых многие из ожидающих вагон дам и барышень покидают будки. Подобрав себе парочки, эти "феи" уходят, в противном же случае сидят долго, ожидая у будки "погоды"»[380].

«Третьего дня днем вагоновожатый трамвая, ехавший на № 19, был настолько пьян, что не мог управлять вагоном. Помощник пристава третьей части Широков и Кологривов, заметив безобразную езду, арестовали этого вагоновожатого»[381].

«Третьего дня, в 11 часов дня, по линии "Корпус — вокзал", от станции мчался вагон трамвая, в котором сидела компания пьяных людей, с бутылками вина в руках. Компания эта пела песни, и один из ее членов играл на гармони. В вагон никого из посторонней публики не допускалось. Пьяные, доехавши до кадетского корпуса, вылезли из вагона. Это оказались так называемые ряженые, которые на другой день свадьбы, согласно древнему русскому обычаю, ходили по некоторым улицам города и безобразили»[382].

Дорожно-транспортные происшествия с трамваем были очень редки, однако были и громкие дела, ставшие известными и за пределами городов Центрального Черноземья. Так Харьковская судебная палата рассматривала апелляцию на приговор Курского окружного суда по факту столкновения извозчика Огаркова, перевозившего бухгалтера курского губернского казначейства Маслова Н.Н и наследника отставного унтер-офицера Бышкина, с трамвайным вагоном № 5 при повороте с улицы Херсонской на Вокзальный переулок в августе 1904 года. В результате столкновения Маслов и Бышкин получили увечья и требовали с анонимного общества компенсацию в 200 рублей. Курский окружной суд признал машиниста и кондуктора виновными и взыскал с анонимного общества 200 рублей в пользу городской управы, а выплату пострадавшим пассажирам извозчика постановил не выплачивать, поскольку извозчик нарушил §11 правил для лиц, занимающихся извозом, принятых курской городской думой. Однако, Харьковская судебная палата, куда обратились с апелляцией Маслов и Бышкин, решение курского окружного суда отменило и постановило работников трамвая признать невиновными и вину в столкновении с анонимного общества снять; все судебные издержки принять в счет казны (кроме издержек по вызову свидетеля Колосова), а вопрос выдачи компенсации передать на рассмотрение курской городской думы. Последняя при рассмотрении этого вопроса на одном из заседаний постановила внесенные в кассу городской управы от анонимного общества 200 рублей бухгалтеру курского губернского казначейства Маслову Н.Н и наследнику отставного унтер-офицера Бышкину не выдавать[383].

С началом Первой мировой войны в города Центрального Черноземья стали пребывать санитарные поезда. Для перевозки раненых в больницы использовались все доступные транспортные средства, в том числе и трамваи. Общество орловского трамвая выделило и оборудовало 2 прицепных трамвайных вагона с установленными 5-ю койками, которые курсировали между вокзалом и госпиталем. Для сокращения времени погрузки раненых к железнодорожным путям была проложена короткая трамвайная линия[384]. Поскольку большинство санитарных поездов прибывали в Орёл в 1-2 часа по полуночи, то массовая перевозка раненых не мешала регулярному пассажирскому движению[385].

В Курск санитарные поезда начали пребывать с 1 августа 1914 года[386]. Прибывшие вагоны перегонялись с курского вокзала на станцию Курск-город, где неспособных самостоятельно передвигаться раненых переносили на перестроенные открытые прицепные трамвайные вагоны. Моторные вагоны отвозили их к больницам и госпиталям города[387]. Предложение о перестройке вагонов и бесплатной перевозке раненных в любое время суток было высказано директором курского трамвая Дальбру. Также Дальбру выслал на имя губернатора письмо с приложенными 500 рублями, которые он жертвовал на помощь раненым[388].

В 1916 году в городах Центрального Черноземья начинается топливный кризис. Все имевшиеся запасы угля и нефтепродуктов направлялись на работавшие фабрично-заводские предприятия, выпускавшие оборонную продукцию.

Перебои с поставками топлива в Орле начались 6 февраля 1915 года, и с этих пор орловский электрический трамвай находился под угрозой прекращения движения и выполнения сопутствующих функций: обеспечение работы водопровода, освещения, телефонной и телеграфной связи[389]. Летом 1915 года орловскому трамваю пришлось перестраивать котлы своей электростанции на сжигание кроме кокса, также нефти и антрацита. Ко всему прочему, в начале ноября 1916 года сломался старый дизельный двигатель, а новый (купленный в 1915 году мощностью 550 л.с.[390]) ещё не был установлен[391]. Остальные машины, среди которых были и паровые[392], давали всего 600 л.с., но и их работе на полную мощность препятствовало недостаточное количество топлива — нефти и угля[393]. Движение городского трамвая стало осуществляться с увеличенными интервалами, перевозя пассажиров не до 11-ти[394], а до 8-ми часов вечера, была введена экономия на городском уличном освещении, поддерживая его до часа ночи и включая даже в центре фонари через один[395]. При этом электроснабжение учреждений и частных абонентов продолжалось в полном объёме[396]. Но при этом Управление трамвая обратилось к населению с призывом экономно использовать электроэнергию, рекомендовало закрывать торговые помещения на час раньше, категорически запретило освещать витрины магазинов и афиши кинотеатра[397]. С 16 ноября 1916 года трамвайное движение стало осуществляться в городе только в те дни, когда количество имевшегося на электростанции топлива превышало потребности топлива для городских нужд[398].

Курский трамвай также с 1916 года стал испытывать проблемы с поставкой нефти для трамвайной электростанции, что приводило к периодическим остановкам в движении. Весной 1917 года произошла поломка дизеля электростанции, что привело к введению ограничений на поставку электричества[399].

25 января 1918 года орловское трамвайное хозяйство было национализировано. Бельгийское руководство покинуло город. Управление трамваем перешло к Заводскому комитету трамвая, которое в августе было преобразовано в Правление орловского городского трамвая под руководством Ашихмина И.Г. Проблемы с топливом, запасными частями и отсутствие денежных средств привели к тому, что 1 мая 1919 года орловский трамвай прекратил работу[400].

А 27 апреля 1918 года на электростанции курского трамвая закончилась нефть и трамвайное движение в Курске остановилось. Для вечернего освещения города и подачи электроэнергии для части зданий в районе за рекой Кур электростанция работала на минимально возможной мощности от имевшихся в городе запасов угля. 30 июня 1918 года курский трамвай был национализирован, однако бельгийское руководство еще оставалось в городе и управляло работающей трамвайной электростанцией, одновременно собирая всю документацию, касающуюся работы анонимного общества. В начале 1919 года директор трамвая Бернар, инженер по трамваю Рейске, инженер по электростанции Нипокачитский и начальник депо Лафтер собрали рабочих трамвая на совещание, на котором дали распоряжение разобрать трамвайные пути, поскольку они мешают движению экипажей, снять контактную сеть, поскольку она может упасть (завалятся столбы); в вагонах снять моторы и подготовить их к отправке на сохранение в Бельгию. Необходимость этих действий объяснялась тем, что трамвайное движение в Курске больше не возобновится. Рабочие трамвая возразили на это утверждение и предложили обсудить этот вопрос на следующий день в присутствии председателя Совнархоза Серикова. Не дожидаясь следующего дня, руководство трамвая покинуло город, взяв с собой все документы, чертежи и небольшую часть оборудования. Часть вещей было сдано на ответственное хранение кассиру Северянову С.Э. На следующий день было выбрало коллегиальное управление электростанцией и трамвайным хозяйством из 6 человек, председателем был назначен Домбровский В.В., инженером Таубе Л.З.[401].

1 мая 1922 года Орловской государственной центральной электростанцией Губсовнархоза, которой перешло имущество городского трамвая, было восстановлено движение электротранспорта в городе. Из депо были выпущены 10 вагонов: 7 на линию вокзал — губбольница №1 и 3 на линию Новосильская — Кромская. Было отремонтировано 11,2 км рельсового пути. Всего в парке находились 20 моторных и 14 прицепных вагонов[402].

В июле 1924 года курский губисполком одобрил предложение Московско-Киевско-Воронежской железной дороги самостоятельно восстановить трамвайное движение в городе[403]. Губисполком пообещал правлению железной дороги ассигновать все необходимые затраты, но из составленной сметы в 82500 руб смог выделить только 65000[404]. Несмотря на урезание сметы 1 сентября 1924 года трамвайное движение в Курске было возобновлено. Трамвайное хозяйство находилось в обслуживание комбината № 1 Водосвет. Из депо были выпущены 5 трамвайных вагонов. Было отремонтировано 9 км трамвайного пути. В депо было 9 моторных трамвайных вагонов[405].

Орловскому трамваю из 22 моторных вагонов до революции, к 1922 году удалось сохранить 20 вагонов, которых с трудом, но хватало на обслуживание маршрутов. Курскому же трамваю из 12 моторных, которых не хватало для регулярного движения еще в дореволюционное время, к моменту запуска трамвая в 1924 году удалось сохранить только 9 вагонов. Пытаясь хоть как-то увеличить в численность трамвайных вагонов, в 1926 году на 3-х сохранившихся тележках от бельгийских вагонов в депо трамвая начали самостоятельно строить кузова трамвайных вагонов[406]. С конца 1926 года началась плавная замена кузовов всем вагонам в депо[407]. Новые кузова имели увеличенную длину (на 2 оконные секции по сравнению с бельгийскими), закрытые остекленные площадки, на буферах вагонов устанавливали электрические фонари вместо керосиновых[408]. Механическое и электрическое оборудование новых вагонов было аналогично используемому на бельгийских, строились вагоны существующим штатом рабочих в свободное время урывками по 2-3 часа. Затраты на постройку составляли 7-8 тыс. руб. (новый моторный двухосный вагон стоил 22 тыс. руб.)[409].

Несмотря на выполненный капитальный ремонт как трамвайных вагонов, так и инфраструктуры (путей, контактной сети и электростанций) существующий полный износ основных фондов, эксплуатирующихся в большинстве своем с 1898 года, привел к быстрому ухудшению работы трамвая уже к концу 20-х годов:

«Проблемы в организации движения курского трамвая, трамваи не останавливаются на остановках из-за технических неисправностей»[410].

«Сидящие в трамвае не предохранены от дождя. С потолка словно душ поливает»[411].

«Вагоны курского трамвая, находящиеся в настоящее время в эксплуатации, настолько изношены, что ежегодно требуют большой затраты средств на ремонт, причем ремонт этот далеко не дает нужных результатов. В течение последних 3-х лет на текущий ремонт трамвайных вагонов было израсходовано около 108 тыс. руб., а на их капитальный ремонт — 27 тыс. руб. Этих 135 тыс. руб. вполне было бы достаточно на приобретение 4 новых вагонов, эксплуатация которых обошлась бы гораздо дешевле, нежели эксплуатация отремонтированных старых. Приобретение для линии 6 новых вагонов с изъятием из обращения соответствующего количества старых — на одном лишь содержании и текущем ремонте подвижного состава даст ежегодно экономию не менее 15 тыс. руб. Кроме того, приобретение новых вагонов диктуется соображениями чисто технического порядка и требованиями безопасности эксплуатации»[412].

«В последнем заседании президиума курского горсовета утвержден план работ по переустройству и расширению трамвая на 1928-1929 год. Согласно плана — в сезон текущего года в трамвайное хозяйство города намечается вложить 314 тыс. руб. Предполагается произвести следующие работы:

- выполнение работ первой очереди по постройке нового трамвайного парка и мастерских,

- капитальный ремонт полотна на протяжении свыше 1 км.,

- смена стрелочных переводов, капитальный ремонт воздушной сети.

Кроме того, намечено заказать для линии 6 новых моторных вагонов. На проектирование и расширение изыскательных работ предусматривается израсходовать 20 тыс. руб.»[413].

«Трамвайное движение в Орле ухудшилось. Администрация Эльтрамвода мало беспокоится: "Виноваты, мол, объективные причины, отсутствие материала и рабочей силы". Однако, главная причина всех прорывов заключается в неорганизованности, в неверной расстановке рабочей силы, в беспорядочном ремонте вагонов, в обезличке, в полной безответственности части рабочих и руководящего персонала. Вся система ремонта вагонов построена на принципе "Ремонтировать, когда рассыпается". Предупредительный ремонт из рук вон плох. Вагоны периодически не осматриваются, нет наблюдения за бандажами колес, из-за чего на Красном мосту вагоны ездят "по суху".

Несвоевременный осмотр и проверка расширения рельс вызывают нередкие за последнее время сходы вагонов с путей. За электрическим оборудованием вагона никакого ухода нет: контроллеры и реостаты заплыли грязью. Выделенный для периодического ремонта мастер Платонов не может справиться с делом, т. к. часто снимается для работы в машинное отделение.

В осеннее и весеннее время в вагонах учащаются электроповреждения. Недавно в вагоне №11 сгорели контроллеры. Только это заставило администрацию спохватиться. Началась суматоха. На очереди вагоны №№ 20, 10, 21, 13, 22, где контроллеры "малость балуются" — то бьют током, то электротормоз не работает и т.д.

Вагоновожатые технически неграмотны. Пуск вагона и его выход делаются "с места в галоп"; гоняют вагоны во всю по стрелкам, лишь бы наверстать время, а там вагон хоть сгори. Загрузка передних площадок, разговоры вагоновожатых во время езды делают движения опасным. Расхлябанность сборников вагонов, разбрасывание материала и инструментов чрезвычайно снижают производительность труда. Трампарк не приспособлен к ремонту в нем вагонов. Последние безалаберно расставляются по загонке их в парк. Двух смотровых канав недостаточно. Есть возможность сделать третью канаву, но это — "в проекте".

Ночью слесаря только "катаются", а не работают; для того, чтобы поставить нужный для ремонта вагон на канаву, надо затратить немало времени. Парк часто остается ночью без тока, ибо на центральной станции нет второго рубильника, которым можно было бы выключать наружную сеть. Этим создаются простои слесарей ночью. Зимою парк ничем не защищен от мороза и снега, и ремонтировать вагоны в таких условиях крайне трудно.

Все эти недочеты требуют быстрейшей их ликвидации...»[414].

В это проблемное для курского и орловского трамваев время 16 мая 1926 года был торжественно пущен воронежский трамвай. На линию вышли 4 вагона по маршруту Вокзал — Маслозавод. Чуть ранее 5 мая воронежский госсовет выпустил постановление «О регулировании уличного движения» для определения порядка дорожного движения на улицах с трамвайным движением, так же в данном постановлении были определены правила пользования трамваем для пассажиров[415].

Сразу после запуска первой линии воронежского электрического трамвая началось строительство новых линий, которые вводились в эксплуатацию почти каждый год: до ЦПКИО (1926 год), до заставы (1927 год), до Чернавского моста, до Краснознаменной улицы и до СХИ (1928 год), до завода им. Коминтерна (1929 год), до улицы Героев Стратосферы и до СК-2 через Вогрэсовский мост (1932 год), до Механического завода (1935 год). За 11 лет работы воронежского трамвая рельсовая сеть увеличилась с 11,2 до 51,7 км, а количество перевозимых пассажиров с 2 млн. 220 тыс. чел. до 57 млн. 085 тыс. чел. в год[416].

Такой рост популярности трамвая сказывался и на повальных нарушениях правилами пользования трамвая, подвергавших опасности жизнь пассажиров: только за первый квартал 1936 года воронежской милицией было задержано около 90 человек, которые ездили на подножках, запрыгивали в вагоны на ходу, отказывались оплачивать проезд и т.д. Сотрудникам трамвая пришлось организовывать бесплатные показы пропагандистского фильма «Дисциплина уличного движения» для ознакомления горожан с правилами поведения на транспорте повышенной опасности, к которым относится трамвай[417].

Трамвайное хозяйство курского трамвая с начала 1930-х годов тоже начинает постепенно расширятся. 7 ноября 1930 года было открыто новое трамвайное депо (Северное), однако его строительство продолжалось до 1931 года[418]: первая и вторая очереди на 20 и 18 вагонов соответственно[419]. Для нового депо были приобретены 11 вагонов: 6 в 1930 году и 5 в 1931 году[420].

В 1934 году была введена новая преобразовательная подстанция курского трамвая, которая позволила вывести из эксплуатации старую электростанцию трамвая (которая продолжала использоваться для уличного освещения и обеспечения электроэнергией домов за рекой Кур)[421]. В этом же году началось строительство новой трамвайной линии, которая должна была связать центр Курска с Ямской слободой. Проект был разработан Коммунстроем в 1929 году[422]. Для экономии средств комбинат Водосвет внес изменения в проект, выраженные в переносе линии трамвая с центра Шоссейной улицы на левую сторону с устройством ряда переездов, что позволит избежать необходимости в расширении дамбы с двух сторон и сократит затраты на замощении линии. Президиум горсовета утвердил данный вариант проекта и предложил Водосвету направить его на рассмотрение Главному управлению коммунального хозяйства НКВД[423].

Строительство новой однопутной линии началось 15 июня 1934 года, в это же время началось строительство трамвайного моста через реку Тускарь. Мостовая переправа для двухпутной линии сооружалась из дубового леса. Система моста — регильно-подкосная с затяжкой, длина 116 м., 9 пролетов по 11,5 м. каждый и 2 береговых устоя по 6,25 м.[424]. Движение одного вагона по новой линии от пл. Карла Маркса по улицам Шоссейной и Интернациональной с тупиком у Ямского вокзала началось 12 июля 1935 г. После укладки разъезда осенью 1935 года здесь стали ходить три вагона, в это же время была открыта небольшая одноколейная линия от улицы Дзержинского до Барнышевской площади. Также в 1935 году началась прокладка второго пути с оборотным кольцом на линии к Ямскому вокзалу. Эти работы были завершены в 1936 году[425].

В начале 30-х годов водителями курского трамвая становятся женщины. Первая женщина — Конокотина А. Но она вскоре после этого была застрелена. Следующей стала Яковлева М.Н. Работа на трамвае оставалась тяжелой. Зимой вагоны не отапливались, и чтобы согреться, кондуктор брался за поручень и бежал рядом с трамваем, а некоторые пассажиры даже снимали свои перчатки и давали кондуктору, чтобы согреть ему руки. Вагоновожатые в диспетчерских на конечных станциях нагревали на печах кирпичи, а затем клали около контроллера в вагоне их себе под ноги. Выходных дней у работников было мало, отпуска и путевки не давали. Вопросы при дорожно-транспортных происшествиях решались на местах без проведения расследований, так летом 1937 года на Красной площади трамвай наехал на корову. Вагон приподняло. На место прибыл начальник трамвая Сарычев с рабочими. Корову ножом прирезали, домкратом подняли вагон, вытащили тушу и отдали хозяину. Также его оштрафовали за то, что он пустил скотину без присмотра, а смена на вагоне продолжила дорабатывать наряд[426].

За 13 лет после восстановления трамвайного движения в Курске трамвайная сеть расширилась с 9 до 15,6 км, а число перевезенных пассажиров возросло с 2 млн. 800 тыс. чел. в 1926/1927 хозяйственном году до 18 млн. 383 тыс. чел. в 1937 году[427].

Перспективы орловского трамвая были определены на заседании бюро горкома в 1931 году: «Бюро Горкома предлагает: считать необходимым поставить вопрос о полном преобразовании орловского трамвая с полной заменой подвижного состава и с переходом на нормальную колею, включив указанную работу в план 2-й пятилетки и генплан Орловского коммунального хозяйства»[428].

Активные ремонтные работы над инфраструктурой орловского трамвая работы начались только в 1936 году: были сменены рельсы и крестовины у моста через ручей Ленивец, шпалы на спуске по Ленинской улице, произведена электросварка стыков на Московской и Кооперативной улицах, на Володарском переулке до Ленинского (Орличного) моста, на Стрелецкой линии от дома дорожного мастера до кирпичного завода № 20; заменены рельсы на дамбах Красного (Очного) моста. Осенью 1936 года снесли трамвайные столбы на Садовой улице. В октябре 1936 года на Стрелецкой линии между 13-ой и 15-ой остановками (от пл. К. Либкнехта до дома дорожного мастера, ныне район автовокзала) проложили вторую колею длиной 1200 метров (укладка одноколейной линии была произведена в 1932 году)[429].

С 1 января 1937 года орловскому трамваю установили жесткий график движения, по которому выпуск был утвержден для 14 моторных и 8 прицепных вагонов днем и для 2 моторных вагонов ночью. Весной 1937 года для всех работников трамвая была сшита летняя форменная одежда, которую раздали в июне, а зимняя одежда появилась только в 1938 году. При трампарке был создан свой духовой оркестр, а драмкружок ставил спектакли революционной тематики[430].

Летом 1937 г. была построена новая трамвайная линия по 2-й Курской улице к Рабочему городку[431].

За 15 лет после восстановления трамвайного движения в Орле трамвайная сеть расширилась с 11,8 км до 21,7 км, а число перевезенных пассажиров возросло с 1 млн. 658 тыс. чел. в 1922/1923 хозяйственном году до 11 млн. 246 тыс. чел. в 1937 году[432].

На основании вышеизложенного можно сделать выводы, что запуск трамвайного движения в губернских городах Центрального Черноземья оказал существенное влияние на социально-экономическое развитие городов и способствовал расширению территориальных возможностей расселения жителей, за счет повышения транспортной мобильности населения и увеличения средней дальности поездок пассажиров. Одновременно происходило размежевание городских территорий на сферы приложения труда, жилые массивы, административные и торговые центры и зоны массового отдыха. Прокладка вылетных линий к индустриальным предприятиям строившимся за городской чертой, в 30-е гг. XX в. поспособствовала развитию городских агломераций возле Курска, Орла и Воронежа.

Сложная инфраструктура трамвайных предприятий способствовала формированию внутри электротранспортных хозяйств учебных центров по различным направлениям, что позволило трамвайным предприятиям самостоятельно готовить для себя квалифицированных сотрудников с начальным и средним профессиональным образованием. В тоже время наличие большого числа сложного технологического оборудования в мастерских депо позволили использовать трамвайные предприятия как сервисные центры для других коммунальных предприятий городов Центрального Черноземья.

Благодаря наличию в штатах городского трамвая значительного числа образованных сотрудников, коллективы предприятий принимали активное участие в общественно-политической жизни Курска, Орла и Воронежа. В частности, они становились организаторами забастовочных движений. Например, забастовки работников курского трамвая в 1901 году[433]. Следует отметить, что рабочие выступления носили, как правило, стихийный и разрозненный характер, выдвигались преимущественно экономические требования.

Городские жители губернских центров быстро оценили преимущества трамвайного транспорта, такие как возможность за низкую плату перевозить по городу ручную кладь и крупногабаритный багаж, утром быстро добираться до рабочих мест, а вечером домой при любых погодных условиях. Благодаря прокладке линий через городские центры, приезжие использовали трамвай в туристических целях, как средство для осмотра городских достопримечательностей. Благодаря тому, что линии трамвая в Курске и Орле проходили мимо богоугодных заведений, это позволило сократить время и облегчить перевозку больных, что было особенно актуально при транспортировке раненых с фронта во время Первой Мировой войны[434].

ЗАКЛЮЧЕНИЕ

На основе проведенного исследования можно сделать следующие выводы. Аграрная специализация и прохождение большого числа транспортных артерий через территории Центрального Черноземья привели к тому, что губернские центры к концу XIX в. стали крупными торговыми городами. Развитие промышленного производства характерное для этого времени в Российской Империи в Центральном Черноземье имело свои отличительные черты: крупные промышленные предприятия в большинстве своем сельскохозяйственной переработки строились возле источников сырья в уездах губерний, а не в губернских центрах; большая плотность железнодорожной сети, по которой перевозились товары между южной частью государства и центром империи способствовали созданию крупных транспортно-грузовых железнодорожных узлов и необходимой инфраструктуры (ремонтных и эксплуатационных паровозных депо, вагонных депо, сортировочных участков и складов) в Курске, Орле и Воронеже. Последнее являлось хорошим экономическим стимулом для создания большого числа мелких предприятий местной промышленности обрабатывающего типа, производящих предметы потребления (поскольку сложностей в доставке средств производства не было), и для развития торговли. Проводившаяся в конце XIX века перепись населения четко показала, что около половины всех жителей аграрных центров губерний Центрального Черноземья являлись рабочими, торговцами и ремесленниками.

В сложившейся экономической ситуации налоговые сборы в городах были небольшими, как и размер их бюджетов. Для обеспечения расходов по жизненно важным статьям городам приходилось брать облигационные займы. Инфраструктура города: коммунальное хозяйство, городской транспорт, связь, электроснабжение... — была или слабо развита или не развита вообще. И решение этого вопроса хозяйственным способом к концу XIX в. было практически невозможным.

Решающую роль в ускорении социально-экономического развития городов Центрального Черноземья в конце XIX в. сыграло появление регулярного массового транспорта, благодаря государственно-частному партнерству предпринимателейинженеров и иностранных акционерных транспортных и энергетических компании с региональными властями, которые предоставляли концессии на организацию в Курске, Орле и Воронеже сетей водопровода и электрогенерации, а также привлечения больших капиталовложения для строительства инфраструктуры городского трамвая: в Курске и Орле электрического, в Воронеже конного.

Стоит отметить, что Курск и Орел вошли в десятку первых систем электрического трамвая, построенных в Российской империи. Вместе с тем в Орле рассматривалась возможность организации конно-железной дороги еще в 1889 году, однако неспособность городских властей найти компромиссное решение вопросов, касавшихся эксплуатации конки, с концессионерами отложили решение транспортного вопроса в Орле на 6 лет.

Немаловажная роль в самой возможности организации электрического трамвайного сообщения в городах принадлежит российским инженерам Пироцкому Ф.А., сформировавшему основные принципы использования электрической тяги на рельсовом транспорте, и Струве А.Е., построившему первую линию регулярного электрического трамвая в Российской империи в Киеве. Вместе с тем большую работу между этими двумя событиями провели иностранные инженеры и изобретатели Сименс Э.В., Эдисон Т.А., Депуль Ш.В. и создатель классической системы электрического трамвая Спрэг Ф.Ю.

Запуск трамвайного движения в губернских городах Центрального Черноземья оказал существенное влияние на дальнейшее социально-экономическое развитие городов и способствовал расширению территориальных возможностей расселения жителей, за счет повышения транспортной мобильности населения и увеличения средней дальности поездок пассажиров. Одновременно происходило размежевание городских территорий на сферы приложения труда, жилые массивы, административные и торговые центры и зоны массового отдыха. Прокладка вылетных линий к индустриальным предприятиям, строившимся за городской чертой, в 30-е гг. XX в. поспособствовала развитию городских агломераций возле Курска, Орла и Воронежа.

Строившиеся в городах Центрального Черноземья с конца XIX по 30-е годы XX вв. трамвайные системы имели радиальную конфигурационную структуру. Это произошло из-за того, что изначально Курск, Орел и Воронеж развивались вокруг единых узлов шоссейных дорог. Основным преимуществом такой конфигурации стало появление удобной для жителей транспортной связи между периферийными районами и центрами городов, однако это же являлось и главным недостатком такой планировочной структуры транспортных сетей: трамвайные системы не имели кратчайших коммуникаций между пунктами тяготения, которые располагалась на перифериях городов. Несмотря на то, что в Курске, Орле и Воронеже даже к концу 1937 года были относительно небольшие транспортные потоки, уже начинала прослеживаться перегрузка центральных транспортных узлов городов, поскольку основная часть корреспонденций неизбежно проходила через городские центры.

Сложная инфраструктура трамвайных предприятий способствовала формированию внутри электротранспортных хозяйств небольших учебных центров по различным направлениям, что позволило трамвайным предприятиям самостоятельно готовить для себя квалифицированных сотрудников с начальным и средним профессиональным образованием. В тоже время наличие большого числа разнообразного сложного технологического оборудования в мастерских депо позволили использовать трамвайные предприятия в качестве сервисных центров для других коммунальных предприятий городов Центрального Черноземья.

Благодаря наличию в штатах городского трамвая значительного числа образованных сотрудников, коллективы предприятий принимали активное участие в общественно-политической жизни Курска, Орла и Воронежа. В частности, они становились организаторами забастовочного движения, а также проводили различную агитационно-пропагандистскую деятельность направленную, например, на соблюдения жителями правил пользования городским транспортом и правил дорожного движения.

Также стоит отметить, что городские жители губернских центров быстро оценили преимущества трамвайного транспорта, такие как возможность за низкую плату перевозить по городу ручную кладь и крупногабаритный багаж, утром быстро добираться до рабочих мест, а вечером домой при любых погодных условиях. Благодаря прокладке линий через городские центры, приезжие использовали трамвай в туристических целях, как средство для осмотра городских достопримечательностей. За счет того, что линии трамвая в Курске и Орле проходили мимо богоугодных заведений, это позволило сократить время и облегчить перевозку больных, что было особенно актуально при транспортировке раненых с фронта, прибывавших на городские вокзалы, к госпиталям во время Первой Мировой войны.

Обобщая вышесказанное, можно сказать, что развитие трамвайного транспорта в Центрально-Черноземном регионе стало прямым следствием развития позитивных социально-экономических процессов в Курске, Орле и Воронеже, а сам трамвайный транспорт способствовал совершенствованию городской инфраструктуры, оживлению хозяйственной деятельности, совершенствованию системы транспортного обслуживания и повышению общекультурного и технического уровня населения губернских, а затем и областных центров.

Проведённое исследование однозначно показывает, что эффективное функционирование городского электрического трамвайного транспорта возможно при наличии чётко определённой государственно-муниципальной городской транспортной политики, единой технической политики в сфере электротранспорта, достаточного смешанного финансирования и необходимой предпринимательской самостоятельности в решении основных хозяйственных и кадровых проблем, организации культурно-сервисной деятельности. Всё это возможно осуществить на основе использования, имеющегося накопленного опыта.

ПРИМЕЧАНИЯ

1. Первая Всеобщая перепись населения Российской империи 1897 г. / под ред. и с предисл. Н.А. Тройницкого. — Санкт-Петербург : издание Центрального статистического комитета Министерства внутренних дел, 1899—1905. — 27. — I. Тройницкий, Николай Александрович (1842—1913), ред. II. Россия. Центральный статистический комитет. — 1. Население — Переписи — Россия, 1897. — 29: Орловская губерния. — 1904. — С. 2; Первая Всеобщая перепись населения Российской империи 1897 г. / под ред. и с предисл. Н.А. Тройницкого. — Санкт-Петербург : издание Центрального статистического комитета Министерства внутренних дел, 1899-1905. — 27. — I. Тройницкий, Николай Александрович (1842—1913), ред. II. Россия. Центральный статистический комитет. — 1. Население — переписи — Россия, 1897. — 20: Курская губерния. — 1904. — С. 2; Первая Всеобщая перепись населения Российской империи 1897 г. / под ред. и с предисл. Н.А. Тройницкого. — Санкт-Петербург : издание Центрального статистического комитета Министерства внутренних дел, 1899-1905. — 27. — I. Тройницкий, Николай Александрович (1842—1913), ред. II. Россия. Центральный статистический комитет. — 1. Население — Переписи — Россия, 1897. — 9: Воронежская губерния, тетр. 1. — 1901. — С. 162.

2. Шпаков И.В. Хозяйственная жизнь городов Центрального Черноземья в конце XIX в. (на примере Курска, Орла и Воронежа) // Известия Алтайского государственного университета. 2012. № 4-2 (76). С. 225-227.

3. Пуск трамвая в Орле // Московские ведомости. — 1898. — 7 ноября.

4. Электрический трамвай в Херсоне // Юг. — 18 мая 1906 г. — №118. — С. 6.

5. Выручка бельгийских трамваев в России // Электричество. — 1914 г. — №4. — С. 10-11.

6. Дмоховский И. Трамвай в России к 1902 г. // Железнодорожное дело. — 1902 г. — №24. — С. 12-14.

7. Дубелир Г.А. Исследование движения вагонов электрических железных дорог — Киев, 1908.

8. Штромберг. Городские железные дороги — Москва, 1913.

9. Высочин. Д.И. Бельгийские кандалы — Харьков, 1908.

10. Всесоюзная конференция по планировке и строительству городов. — М. 1933. — 164 с.

11. Труды Постоянного бюро всероссийских трамвайных съездов. 1923–1950. Вып. 1–19.

12. Коммунальное хозяйство РСФСР к началу 1925 г. — М.: Издательство НКВД, 1925. — 70 с.

13. Коммунальное хозяйство РСФСР к началу 1926 г. — М.: Издательство НКВД, 1926. — 234 с.

14. Коммунальное хозяйство РСФСР к началу 1927 г. — М.: Издательство НКВД, 1927. — 371 с.

15. Коммунальное хозяйство РСФСР за 1927/28, 1932 гг. и перспективы его развития во 2 пятилетке — М.: Издательство НКВД, 1934. — 147 с.

16. Коммунальное хозяйство РСФСР к началу 1935 г. — М.: Издательство НКВД, 1935. — 380 с.

17. Трамвайное хозяйство СССР. — М., 1935.

18. Александров А.П., Бронштейн Л.А., Поляков А.А. Городской пассажирский транспорт — М.: НИИГТ Моссовета, 1939. — 58 с.

19. Бергман М.М. К вопросу о пересмотре предельных скоростей движения // Транспорт и дороги города. — 1936. — № 10. — С. 12-18.

20. Евтеев В.З. Основные показатели планов по трамвайным предприятиям на 1937г. // Транспорт и дороги города. — 1937. — №6. — С. 1-2.

21. Козеренко Н.П., Герус Л.С. Коммунальное и жилищное хозяйство в Советском Союзе. — М.: Власть Советов,1931. — 84 с.

22. Пешекеров П.К. Городской общественный транспорт СССР. // Транспорт и дороги города. — 1937. — № 11. — С. 16-17.

23. Поляков А.А. Городской пассажирский транспорт у нас и за границей. // Социалистический город. — 1935. — №1. — С. 35-38.

24. Сосянц В. Реконструкция городского транспорта в СССР // Социалистический город, 1935. — №1. — С. 8-11.

25. Воронеж. Справочник. — Воронеж, 1932. — 60-72 с.; Докучин В.И. Воронеж. — Воронеж, 1938. — 65 с.; Беляков С. Орел. Рассказ о нашем городе. — Орел, 1939. — С. 92.; Москвитин В. Курск в прошлом и настоящем. — Курск, 1939.— 53 с.

26. Зильберталь А.Х. Трамвайное хозяйство. (Рекомендации для работников трамвая и учащихся) — М.-Л.: ОГИЗ Гострансиздат, 1932. — 304 с.

27. Трамвайный справочник. — М., 1936. — 300 с.

28. Жилищное и коммунальное хозяйство и строительство РСФСР (1931-1934). — М., 1934. — 135 с.

29. Лященко П.И. История народного хозяйства СССР. — М.: Госполитиздат, 1948 — 738 с.; Писарев С.Г. Городской транспорт. — М.: МКХ РСФСР, 1948. — 503 с.

30. Трамвайный справочник. — М.: МЖК РСФСР, 1948. — 380 с.

31. Каликин П.В., Нелидов И.А., Ермолаев М.П., Либин Е.Б. Учебное руководство для водителей трамвая. — М.: Издательство Московский рабочий, 1949. — 178 с.

32. Бронштейн Л.А., Ларионов В.С., Нелидов Н. А. Организация движения городского пассажирского транспорта. — М-Л.: Изд-во НККХ РСФСР, 1940. — 252 с.

33. Каменев Н. Курскому трамваю 50 лет. // Курская правда. — 1948. — 28 апреля; Воронежскому трамваю — 15 лет. // Воронежская коммуна. — 1941. — 16 мая; Орловскому трамваю 50 лет. // Орловский комсомолец. — 1948. — 15 ноября.

34. Ржонсницкий Б.Н. Трамвай — русское изобретение — М.: Издательство МКХ РСФСР, 1952. — С. 53-57.

35. Блатнов М.Д., Юдин В.А. Организация трамвайных и троллейбусных перевозок — М.: Издательство МКХ РСФСР, 1957. — 215 с.

36. Кудрявцев А.С. Экономика социалистического транспорта — М.: Автотранспорт, 1957. — 321 с.

37. Черток М.С. Трамвайные вагоны — М.: Издательство МКХ РСФСР, 1953. — С. 4-6.

38. Захарик Е.К., Антипов Б.А., Кирсанов С.Н., Колоколова И.Ю. Город Орел. — Орел: Орловское книжное издательство, 1958. — 109 с.

39. Райский Ю.Л. Очерки по истории города Курска. — Воронеж: Центр.-Черноземное изд., 1975. — С. 146-153.

40. Суворов В.Г. Свет над Верхним Доном. — Воронеж, 1981. — С. 14-26.

41. Лившин Я.И. Монополии в экономике России. — М.: 1961. — 269 с.

42. Шепелев Л.Е. Акционерные компании в России. — Л., 1973.

43. Дякин В.С. Германские капиталы в России. — Л.: Наука, 1974. — С. 97-98.

44. Страментов А.Е., Сосянц В.Г., Фишельсон М.С. Городской транспорт. — М.: Стройиздат, 1969 — 292 с.

45. Томилин А.И. Организация движения трамвая и троллейбуса. — М.: Стройиздат, 1969. — 240 с.

46. Коссой Ю.М. Научная организация труда на городском транспорте. — М.: Стройиздат, 1971. — 87 с.

47. Артобольский И.И., Благонравов А.А. Очерки истории техники в России (1867-1917) — М.: Наука, 1975. — 397 с.

48. Аксенов И.Я. Транспорт: история, современность, перспективы, проблемы. — М.: Наука, 1985. — 177 с.

49. Ефремов И.С., Кобозев В.М., Юдин В.А. Теория городских пассажирских перевозок. — М.: Высшая школа, 1980. — 535 с.

50. Пономарев А.А., Иеропольский Б.К. Подвижной состав и сооружения городского электротранспорта. — М.: Транспорт, 1981. — 270 с.

51. Васильева Л.В. Игра в «железку» на заемные средства. // Деньги. — 2003. — №6 (411). — С. 14-20; Васильева Л.В. Правовые основы деятельности иностранных предпринимателей в Российской империи в конце XIX – начале XX веков. // Налоги. Инвестиции. Капитал. — 2004. — С. 16-26.

52. Вирютин А.А. Иностранный капитал в конце 19-начале 20 века в Курской губернии. // Курский край — 2009. — №5-6 (80-81) — С. 4-26.

53. Караваева И.В., Мальцев В.А. Иностранный финансовый капитал в акционерных и паевых компаниях России в начале XX столетия. // Финансы и кредит. — 2004. — № 19. — С. 78-86.

54. Кирсанов А.И., Розалиев В.В. Заграничные трамваи Российской империи // Вестник ГЭТ России. — 2002. — № 6. — С. 30-33.

55. Курихин О., Розалиев В. Провинциальный трамвай. // Техника молодежи. — 2006. — № 3. — С. 16-17.

56. Семенов. Н. М. Куда спешишь, трамвай российский? // Наука и жизнь. — 2005. — № 7. — С. 31-35.

57. Туровская Л.Т. Биография трамвая. // Мир транспорта. — 2004. — Т. 5. — № 1. — С. 146-154; Туровская Л.Т. Биография трамвая. // Мир транспорта. — 2004. — Т. 6. — № 2. — С. 144-154; Туровская Л.Т. Биография трамвая. // Мир транспорта. — 2005. — Т. 11. — № 3. — С. 144-154.

58. Городской электрический транспорт: Россия, СССР и Российская Федерация: Геграфия, история, статистика: энциклопедический справочник. / Под общей ред. Ю.М. Коссого. — Н. Новгород: Штрих-Н, 2007. — 368 с.

59. Квитчук А.С. Организационно-правовые меры повышения безопасности дорожного движения в Российской империи в конце XIX — начале XX вв. // Вестник Санкт-Петербургского университета МВД России. — 2005. — № 4. — С. 25-32.

60. Семенов Н.М. Всероссийская трамвайная конференция 1922 г. // Вопросы истории естествознания и техники. — 2003. — №1. — С. 3-12; Семенов Н.М. Совершенствование советского трамвая (1925-1940). // Вопросы истории естествознания и техники. — 2007. — № 2. — С. 53-63.

61. Розалиев В.В. Городской электротранспорт: из истории государственного управления. — М., 2004. — 278 с.

62. Терещенко А.А. Социально-экономическое развитие городов Центрального Черноземья во второй половине XIX — начале XX века: 1861-1904 гг.: диссертация … доктора исторических наук: 07.00.02. — Курск, 2003. — 437 с.

63. Сидоров А.Д. Городское хозяйство российской провинции во второй половине XIX — начале XX вв.: на примере Курской губернии: диссертация … кандидата исторических наук: 07.00.02. — Курск, 2009. — 230 с.

64. Гавриков Ф.А. Города российской провинции в условиях Первой мировой войны: на примере Курской губернии: диссертация … кандидата исторических наук: 07.00.02. — Курск, 2006. — 307 с.

65. Ковалева М.В. Орловская городская дума: 1787-1913 гг.: диссертация … кандидата исторических наук: 07.00.02. — Орел, 2003. — 368 с.

66. Лавицкая М.И. Орловская городская Дума: исторический опыт местного самоуправления на рубеже XIX-XX веков. // Федерализм. — 2008. — № 3 (51). — С. 139-151.

67. Тархов С.А. Курскому трамваю 100 лет. // Вестник ГЭТ России. — 1998. — №3. — С. 28-34; Тархов С.А. Орловскому трамваю 100 лет // Вестник ГЭТ России. — 1999 — № 2. — С. 25-27.

68. Савченко А. История воронежской конки. // Пантограф. — 2008. — № 3. — С. 41-43.

69. Семенов Н.М. Трамвай, что мечтал породниться с «чугункой» (история воронежского трамвая). Ч. 1. // Пантограф. — 2007. — № 1. — С. 22-25; Семенов Н.М. Трамвай, что мечтал породниться с «чугункой» (история воронежского трамвая). Ч. 2. // Пантограф. — 2007. — № 2. — С. 30-32.

70. Фурсов А.А. История Воронежского трамвая. — Воронеж: Квадра, 2010. — 152 с.

71. Носкина В.С. Курскому трамваю 100 лет. Путь длиною в век. — Курск: ГУИПП «Курск», 1998. — 87 с.

72. Лысенко А.И. Неутомимый труженик (история орловского трамвая). — Орел: Вешние воды, 1998. — 128 с.

73. Киево-Печерский патерик, или Сказания о житии и подвигах свв. угодников Киево-Печерской лавры : Перелож. с Киево-Печ. патерика изд. Киево-Печ. Лавры 1883 г. — Одесса, 1903. — С. 62; Летопись по Лаврентьевскому списку. — СПб, 1897. — Л. 96-118.

74. ПСРЛ. Т. II. — СПб, 1843. — стб. 640.

75. Раздорский А. И. Владельческая принадлежность Курского княжества в XI—XIII вв. // Очерки феодальной России. — 1998. — В. 2. — С. 3—21.

76. ПСРЛ. Т. XIII. — СПб, 1863 — Петроград, 1918. — С. 267.

77. Воронеж в документах и материалах / Под ред. Кулиновой В. В., Загоровского В. П.. — Воронеж: Центр.-Чернозём. кн. изд-во, 1987. — С. 28.

78. Историческое, географическое и экономическое описания Воронежской губернии, собранное из истории, архивных

записок и сказаний. Воронежская старина. Вып. 2. — Воронеж,1912. — С. 63.

79. Именной указ Екатерины II "Об учреждении Орловской губернии" от 28 февраля 1778 г. ПСЗРИ, т. XX. — ст. 14711. — С. 597.

80. Именной указ Екатерины II «Об учреждении Курской губернии» от 23 мая 1779 г. ПСЗРИ, т. XX. — ст. 14880. — С. 825-826.

81. Пясецкий П. Исторические очерки города Орла. — Орел, 1874. — 229 с.

82. Соловьева А.М. Железнодорожный транспорт России во второй половине XIX в. — М.: Наука, 1975. — 315 с.

83. Терещенко А.А. Социально-экономическое развитие городов Центрального Черноземья во второй половине XIX — начале XX века: 1861-1904 гг.: диссертация … доктора исторических наук: 07.00.02. — Курск, 2003. — 437 с.

84. Детина С. И., Овчиннинский Н. В., Шахова О. Т.. Проблемы развития и размещения производительных сил Центральночерноземного района. — М., 1973. — С. 4-12.

85. Первая Всеобщая перепись населения Российской Империи 1897 г. / Под ред. Н.А.Тройницкого. Т. XXIX. Орловская губерния — С.-Петербург, 1904. — С. 2; Первая Всеобщая перепись населения Российской Империи 1897 г. / Под ред. Н.А.Тройницкого. Т. XX. Курская губерния — С.-Петербург, 1904. — С. 2; Первая Всеобщая перепись населения Российской Империи 1897 г. / Под ред. Н.А.Тройницкого. Т. IX. Воронежская губерния. Тетрадь 1. — С.-Петербург, 1901. — С. 162.

86. Арсеньев А. Центрально-Черноземный район. — М.: Плановое хозяйство, 1927. — С. 4-8.

87. Пясецкий П. Исторические очерки г. Орла. — Орёл, 1874. — С. 17.

88. Первая Всеобщая перепись населения Российской Империи 1897 г. / Под ред. Н.А.Тройницкого. Т. XXIX. Орловская губерния — С.-Петербург, 1904. — С. 157-159.

89. ГАОО. Ф. 593. Д. 1360 за 1862 г. Л. 26.

90. Тархов С.А. Орловскому трамваю 100 лет // Вестник ГЭТ России. — 1999 — № 2. — С. 25.

91. ГАОО. Ф. 52. Д. 3076. ЛЛ. 1-4.

92. Пясецкий П. Исторические очерки г. Орла. — Орёл, 1874. — С. 30-35.

93. Памятная книжка Курской губернии на 1892 год / Изд. Кур. ГСК; Сост. секр. ком. Т. И. Вержбицким. — Курск: Тип. губ. правл.: 1892. — С. 8-19.

94. Шпаков И.В. Естественные монополии в коммунальном секторе в Курске в конце XIX — начале XX вв. // Торговое дело: история, теория и практика: Первые Ходыревские чтения: сб. материалов межд. научно-практической конф. / под. ред. В.Н. Ходыревской. — Курск, 2011. — С. 325-327; Памятная книжка Курской губернии на 1892 год / Изд. Кур. ГСК; Сост. секр. ком. Т. И. Вержбицким. — Курск, 1892. — С. 32.

95. Первая Всеобщая перепись населения Российской Империи 1897 г. / Под ред. Н.А.Тройницкого. Т. XX. Курская губерния — С.-Петербург, 1904. — С. 176-177.

96. Яковлева М.В. Государственная политика в области исторического образования в конце XIX — начале XX века: на примере средних учебных заведений Курской губернии: диссертация ... кандидата исторических наук: 07.00.02. — Курск, 2004. — С. 35-37.

97. Памятная книжка Курской губернии на 1892 год / Изд. Кур. ГСК; Сост. секр. ком. Т. И. Вержбицким. — Курск: Тип. губ. правл.: 1892. — С. 49, 54-61.

98. Из истории Курского края: Сб. документов и материалов. — Воронеж, 1965. — С. 47-52.

99. Воронеж. Справочник. — Воронеж, 1932. — С. 6.

100. Долгополов К. Центрально-Черноземный район. — М., 1961. — С. 21.

101. Первая Всеобщая перепись населения Российской Империи 1897 г. / Под ред. Н.А. Тройницкого. Т. IX. Воронежская губерния. Тетрадь 2. — С.-Петербург, 1901. — С. 146-147.

102. Суворов. В.Г. Свет над Верхним Доном. — Воронеж, 1981. — С. 14-26.

103. Сидоров А.Л. Экономическое положение России в годы Первой мировой войны. — М., 1973. — С. 367.

104. Букалова С.В. Орловская губерния в годы Первой мировой войны: социально-экономические, организационно-управленческие и общественно-политические аспекты: Дореволюционный период: июль 1914 - февраля 1917 года:

диссертация ... кандидата исторических наук: 07.00.02. — Орел, 2005. — 294 с.; Гавриков Ф.А. Города российской провинции в условиях Первой мировой войны: на примере Курской губернии: диссертация ... кандидата исторических наук: 07.00.02. — Курск, 2006. — 307 с.; Касимов А.С. Рабочие Центрально-Черноземного района в годы Первой Мировой войны (1914 — февраль 1917 г.): диссертация ... кандидата исторических наук: 07.00.02. — Ленинград, 1984. — 274 с.

105. ГАВО. Ф. И-6. О. 1. Д. 2096. Л. 32 об.

106. Генкина Э. Победа великой октябрьской социалистической революции на местах // Исторический журнал (Вопросы истории). — 1942. — № 10. — С. 49–64.

107. Игнатьев В.И. Некоторые факты и итоги четырех лет гражданской войны — М., 1922. — 631 с.

108. Итоги Всесоюзной городской переписи 1923 г. Ч. 2: Распределение городского населения по главным отраслям труда. — М., 1925.

109. Прокофьева Е.Ю. Особенности городов и основных занятий городского населения в губерниях Центрального Черноземья РСФСР в 20-е гг. XX в // Известия АлтГУ. — 2009. —№4-1. — С.164.

110. Лашина Л.С. Деятельность акционерного общества по строительству и эксплуатации Московско-Киевско-Воронежской железной дороги в пореформенный период: 1866-1917 гг.: на материалах Центрального Черноземья: диссертация ... кандидата исторических наук: 07.00.02. — Белгород, 2008. — 179 с.

111. Районы ЦФО: статистический справочник. Таблица 1: Сводные статистико-экономические показатели по районам ЦФО. — Воронеж, 1930.

112. Рутцен. А.А. Районирование Центрально-Черноземной области. // Хозяйство ЦЧО. — 1928. — №1. — С. 7, 10.

113. Езиоранский Л.К. Фабрично-заводские предприятия Российской империи. — Петроград, 1914.

114. Отчет Курского губернского исполнительного комитета XII губернскому съезду Советов. — Курск, 1924.

115. Курский губернский исполнительный комитет. Отчет XIV губернскому съезду Советов. — Курск, 1927.

116. ГАКО Ф.Р-309. Оп.1. Д.196.

117. Гайворонский А.И. Парень из совпартшколы. // Молодой коммунар. — 1979. — 20 ноября. — С. 2.

118. Культурное строительство в Воронежской губернии (1918-1928). Сборник документов. — Воронеж, 1965. — С. 36.

119. Загоровский В.П. История Воронежского края от А до Я. — Воронеж: Центр.-Черноземное кн. изд., 1982 г. — С. 87.

120. Громов В.А. Орловский государственный университет (1920-1921) и Высший педагогический институт (1921-1922) // Орловский край: опыт истории и перспективы развития. — Орел, 1992. — С. 68-84.

121. 10 месяцев работы Орловского городского Совета рабочих, крестьян и красноармейских депутатов (март 1926 г. — февраль 1927 г.). — Орел, 1927 г. — С. 30.

122. ГАОО Ф. Р-15. Оп. 1. Д. 235. Л. 181.

123. ГАОО Ф. Р-15. Оп. 1. Д. 252. Л. 191 об.

124. ГАОО. Ф. Р-3. Оп. 1. Д. 41. Л. 134.

125. Демидов Р. Г., Кривцун Л. В. Социалистическая индустриализация и рост культурно-технического уровня трудящихся Центрального Черноземья: 1928—1941. — Воронеж, 1978. — 196 с.

126. Лысенко А.И. Неутомимый труженик (история орловского трамвая). — Орел: Вешние воды, 1998. — С. 53.

127. Хроника // Курская правда. — 1 октября 1924 г. — № 224 (1424). — С. 3.

128. Трамвай // Воронежская коммуна. — 16 мая 1926 г. — С. 1.

129. ГАВО. Ф. Р-842. О. 1. Д. 122. ЛЛ. 49-53; ГАОПИ ВО. Ф. 5297. Оп. 1. Д. 1824. ЛЛ. 267-279.

130. Постановление ВЦИК "Об образовании ЦЧО" от 14 мая 1928 г. СУ РСФСР, 1928 (23 июня 1928 г), N 54, ст. 406. — С. 690 - 691.

131. Постановление ВЦИК "О составе районов и их центрах по ЦЧО" от 30 июля 1928 г., СУ РСФСР, 1928 (12 сентября 1928 г.), N 99, ст. 630. — С. 1323 - 1327.

132. Постановление ВЦИК и СНК СССР "О ликвидации округов" от 23 июля 1930 г., СЗ, 1930, N 37, ст. 400. // Орловская правда, 18 августа 1930 г., N 190. — С. 1.

133. Постановление ВЦИК "О разделении ЦЧО" от 13 июня 1934 г. СУ РСФСР, 1934, N 26., С. 153 // "Орловская правда". — 15 июня 1934 г. — N 137; "Курская область в

цифрах" // "Орловская правда" — 29 июня 1934 г. — N 149. — С. 2.

134. Постановление ЦИК СССР "О разделении Западной и Курской областей на Смоленскую, Орловскую и Курскую области" от 27 сентября 1937 г. СЗ РСФСР, 1937 (19 октября 1937 г.), N 66, С. 616 - 616 об., ст. 300. // "Орловская правда". — 28 сентября 1937 г. — N 226. — С. 1.

135. Рябинин Е.И. «К 5-й годовщине ЦФО». // Коммуна. — 1933. — 23 мая.

136. ГАКО Ф. Р-5346. Оп. 1. Д. 4. Л. 25.

137. ГАКО Ф. Р-200. Оп. 1. Д. 144. Л. 119.

138. ГАКО Ф. Р-770. Оп. 8. Д. 90а. Л. 33.

139. Социалистическое строительство Союза ССР (1933-1938 гг.). — М.-Л.: Госпланиздат, 1939 г. — С. 44.

140. Фурсов А. История Воронежского трамвая. — Воронеж: Квадра, 2010. — С. 44.

141. Внуков С., Захарик Е., Усиков Н. Орловский экономический административный район. — М., 1959. — С. 2.

142. Отчет о работе Городского Совета 1931-1934 гг. — Орел, 1934. — С. 30.

143. Егоров Б.А. Весь город Орел. — Орел: Орелиздат, 1993. — С. 155.

144. Москвитин В. Курск в прошлом и настоящем. — Курск, 1939.

145. Фурменко И.П. Воронежский государственный медицинский институт имени Н.Н. Бурденко. — Воронеж, 1978. — С. 3.

146. Культурное строительство в Воронежской губернии (1918-1928). Сборник документов. — Воронеж, 1965. — С. 38.

147. Загоровский В.П. История Воронежского края от А до Я. — Воронеж: Центрально-Черноземное книжное издательство, 1982 г. — С. 91.

148. Там же. — С. 86.

149. Очерки истории Воронежской области. Т. 2. — Воронеж, 1967. — С. 81.

150. Постановление СНК РСФСР от 3 августа 1931 г. №829.

151. Распоряжение НК просвещения РСФСР от 27 августа 1932 г.

152. Бубнов В.В., Жукова Ю.В., Сидоров В.Г., Шатохина Н.З. 170 лет на ниве просвещения // Библиотечное дело. — 2010. — № 9. — С. 18—29.

153. Контрольные цифры народно-хозяйственного плана ЦЧО на 1933 г. — Воронеж, 1933. — С. 79.

154. Театр и драматургия. — 1934. — №8. — С. 16.

155. Доклад товарища Куйбышева о втором пятилетнем плане развития народного хозяйства СССР. (Заседание шестнадцатое 3 февраля 1934 г., вечернее) // XVII съезд ВКП(б): Съезд победителей. Стенографический отчет. — М.: Партиздат, 1934.

156. Загоровский В.П. Воронеж: историческая хроника — Краеведческое издание. — Воронеж: Центрально-Чернозёмное книжное издательство, 1989. — С. 124.

157. ГАОО. Ф. Р-1184. Д. 1. ЛЛ. 2-4; ГАОО Ф.Р-2577. Оп.1. Д.2. ЛЛ.16-17; Орловская правда. — 1934. — 18 ноября, 6 декабря.

158. ГАКО. Ф. Р-3272. О.1 Д. 180.

159. Социалистическое строительство Союза ССР (1933-1938 гг.). — М.-Л.: Госпланиздат, 1939 г. — С. 12-13.

160. ГАКО. Ф. 3272. Оп. 12. Д. 2. ЛЛ. 1-47.

161. ЦДНИВО Ф. 1045. Оп. 1. Д. 2032. Постановление СНК СССР от 30 июня 1941 г.

162. Освоение новой продукции // Коммуна. — 1933. — 7 ноября.

163. Отчетный доклад председателя Курского облисполкома П.С. Царевича на I областном съезде Советов — о состоянии промышленности и её сырьевой базы // Курская правда. — 1935. — 8 января.

164. Основные показатели работы трамвайных и троллейбусных предприятий в СССР в 1937 г. / под. ред. П.К. Пешекерова. — М. ; Ленинград: Изд-во Наркомхоза РСФСР, 1938. — С. 2-5.

165. Там же.

166. Gerland Otto. Zweckmaessige Querschnitte fuer Hauptverkehrsstrassen mit zweigleisigem Strassenbahnbetrieb. — Leipzig: Bibliogr. Inst., 1928. — 93 S; Страментов А.Е., Сосянц В.Г., Фишельсон М.С. Городской транспорт. — М.: Стройиздат, 1969 — С 6-7.

167. Борис Семёнович Якоби: библиогр. указатель / Сост. М. Г. Новлянская; Под ред. К. И. Шафрановского; Вступит. статья чл.-кор. АН СССР Т. П. Кравца. — М.; Л.: Изд-во АН СССР, 1953. — 320 с.

168. Ржонсницкий Б.Н. Трамвай — русское изобретение. — М., 1952. — С. 17-25.

169. Sigfrid von Weiher. Werner von Siemens. A Life in the Service of Science, Technology and Industry. — Göttingen, 1975.

170. Котиков М.А. Опыты во 2-м Обществе конно-железных дорог // Санкт-Петербургские ведомости. — 1880. — № 252. — С. 2.

171. «Игрушка» Пироцкого // Голос. — 1880. — №. 257. — С. 2.

172. Ржонсницкий Б.Н. Трамвай — русское изобретение. — М., 1952. — С. 31.

173. S. Hilkenbach, W. Kramer, Claude Jeanmaire. Berliner Straßenbahnen. Die Geschichte der Berliner Straßenbahn-Gesellschaften seit 1865 (Archive No. 6). — Verlag Eisenbahn, Villigen AG (Schweiz), 1973.

174. IEEE Archives, Piscataway, NJ. Honor F.J. Sprague, "Edison of Transit", 1932, Biography, Sprague, Frank Julian, Box HB-113.

175. A. Ernst. Edison. Sein Leben und Erfinden. — Berlin: Ernst Angel Verlag, 1926.

176. Holt Charles. Development of Electric Railways. // The New England Magazine 6 — Issue 36 (October, 1888). — P. 551-566.

177. IEEE Archives, Piscataway, NJ. Honor F.J. Sprague, "Edison of Transit", 1932, Biography, Sprague, Frank Julian, Box HB-113.

178. IEEE Archives, Piscataway, NJ. Frank Julian Sprague, Scientist, Inventor, Engineer, "Father of Electric Traction", 1932, Biography, Sprague, Frank Julian, Box HB-113.

179. IEEE Milestones: Richmond Union Passenger Railway, 1888.

180. IEEE Archives, Piscataway, NJ. Correspondence regarding newspaper article on electric trolley, 1934, Biography, Sprague, Frank Julian, Box HB-113.

181. IEEE Milestones: Richmond Union Passenger Railway, 1888.

182. IEEE Archives, Piscataway, NJ. Honor F.J. Sprague, "Edison of Transit", 1932, Biography, Sprague, Frank Julian, Box HB-113.

183. РГИА. Ф. 1287. Хозяйственный департамент МВД (1819-1904), документы по истории управления городским транспортом — с 1860 г.

184. Дякин В.С. Германские капиталы в России. — Ленинград: Наука, 1971. — С. 97-98.

185. Высочин Д.И. Бельгийские кандалы. — Харьков, 1908. — С. 3-8.

186. ГАРФ. Ф. А-314. Оп. 1. Д. 35. Л. 1-3.

187. ГАПК. Ф.43-44, Ф.512.
188. По русским городам // Электричество. — 1910. — №12. — С. 10; По русским городам. // Электричество. — 1911. — № 4. — С. 10; Ржонсницкий Б.Н. Трамвай — русское изобретение. — М., 1952. — С. 57.
189. Трамвайный справочник. — М.: МЖК РСФСР, 1948. — С. 82.
190. Веселовский О.Н., Шнейберг Я.А. Очерки по истории электротехники. — М., 1993. — С. 224–225; Артоболевский И.И., Благонравов А.А. Очерки истории техники в России (1861–1917). — М., 1975. — С. 118.
191. Ржонсницкий Б.Н. Трамвай — русское изобретение. — М., 1952. — С. 57–63.
192. РГИА. Ф. 1293. Оп. 86. Д. 144. Л. 29-49; Геркен. Л. Киевская городская электрическая дорога // Инженер. — 1893. — № 5. — С. 191–200.
193. Дмоховский И. Киевские электрические трамваи // Железнодорожное дело. — 1901. — № 2–4; Вокуш И. Трамвай города Киева // Транспорт и дороги города. — 1934. — № 11. — С. 14.
194. Косой Ю.М. Ваш друг трамвай. — Нижний Новгород, 1996. — С. 14–24; Шпаков И.В. Становление и развитие электрических городских железных дорог (трамвая) в городах Российской империи в конце XIX в. // Известия Алтайского государственного университета. Серия: История, политология. — 2010. — № 4/2. — С. 245–248.
195. Науменко I.М. З вершини століття (історія будівництва і розвитку електротранспорту міста Дніпропетровська). — Днепропетровск, 1997. — С. 4-8.
196. Tramways d'Iékaterinoslaw Société Anonyme: Action de Jouissance sans mention de valeur. — Brussels, 1897. — 5th September.
197. Пашутин. А.Н. Елисаветградский трамвай. / А.Н. Пашутин // Исторический очерк г. Елисаветграда: сб. ст. — Елисаветград: Лито-типография братьев Шполянских, 1897. — С. 237–241.
198. РГИА Ф. 1293. Оп. 91. Д. 202. Л. 42.
199. ГАКО Ф. 48. Оп. 1. Д. 4. Л. 50, 234.

200. Музей курского городского электротранспорта МУП «Курскэлектротранс». Копия письма главы городской управы губернатору от 31 июля 1895 г.

201. Музей курского городского электротранспорта МУП «Курскэлектротранс». Копия ответного письма зам министра внутренних дел о рассмотрении предложений об устройстве и эксплуатации в г. Курске электрической железной дороги за № 1210 и № 1451.

202. Доклад городской управы об утверждении технического проекта Министерством внутренних дел. // Курские губернские ведомости. — 17 мая 1897 г.

203. Пуск электрического трамвая // Курские губернские ведомости. — 20 апреля 1898 г.

204. Музей курского городского электротранспорта МУП «Курскэлектротранс», технические характеристики бельгийских трамвайных вагонов.

205. Ilya V. Shpakov, Yelena D. Mikhailova, Nataliya N. Koroteeva. The Belgian Investments in Mass Transit of the Cities in Russian Empire at the End of the XIXth and at the Beginning of the XXth Centuries // Былые годы. Российский исторический журнал.— 2015. — № 38(4). — С. 1019–1027.

206. Дмоховский И. Трамвай в России к 1902 г. // Железнодорожное дело. — 1902. — № 24. — С. 6.

207. Иванов М.Д. Московский трамвай: страницы истории. – М., 1999. — С. 12.

208. По русским городам // Электричество. — 1910. — № 12. — С. 6; По русским городам // Электричество. — 1911. — № 4. — С. 10.

209. Ржонсницкий Б.Н. Трамвай — русское изобретение. — М.: Издательство МКХ РСФСР, 1952. — С. 55.

210. Веселовский О.Н., Шнейберг Я.А. Очерки по истории электротехники. — М.: Издательство МЭИ, 1993. — С. 123; Дякин В.С. Германские капиталы в России. — Л.: Наука, 1974. — С. 236.

211. ГАКО. Ф. 54. Оп. 16. Д. 277. Л.2-5 об, 17-19 об.

212. ГАКО. Ф. 48. Оп. 1. Д. 4. Л. 50, 234.

213. Устав акционерного (анонимного) общества Курский трамвай с правлением в Брюсселе. — М., 1895. — С. 6.

214. РГИА. Ф. 1287. Оп. 41. Д. 501.; РГИА. Ф. 1293. Оп. 91. Д. 190.

215. Музей КГЭТ. Копия письма курского губернатора Милютина А.Д. министру внутренних дел Дурново И.Н. от 2 ноября 1895 г.

216. Устав акционерного (анонимного) общества Курский трамвай с правлением в Брюсселе. — М., 1895. — С. 1-3.

217. Музей КГЭТ МУП «Курскэлектротранс». Копия ответного письма зам министра внутренних дел о рассмотрении предложений об устройстве и эксплуатации в г. Курске электрической железной дороги № 1210, 1451.

218. Там же.

219. Доклад городской управы об утверждении технического проекта Министерством внутренних дел. // Курские губернские ведомости. — 1897 г. — 17 мая. — С. 3.

220. РГИА. Ф. 23. Оп. 24. Д. 306. Л. 1-5.

221. Васильева Л.В. Игра в «железку» на заемные средства. // Деньги. — 2003. — №6 (411). — С. 15.

222. Тархов С.А. Курскому трамваю 100 лет // Вестник ГЭТ России. — 1998. — №3. — С. 28.

223. Трамвайное хозяйство СССР. — М., 1935. — С. 67-69.

224. ACEC Nostagie // Post-ACEC Info's. — 2004. — №3. — P. 10.

225. Сезерцев Л. Восстановление курского трамвая. Трамвай в Курске пойдет 1-го сентября. // Курская правда. — 28 августа 1924 г. — №195 (1395); Курский трамвай ждет переоборудования. // Курская правда. — 14 апреля 1929 г. — №63 (2792). — С. 2.

226. Пуск электрического трамвая // Курские губернские ведомости. — 20 апреля 1898 г.

227. Шпаков И.В. Становление и развитие трамвайного транспорта в Центральном Черноземье в конце XIX – первой трети XX вв. : диссертация ... кандидата исторических наук : 07.00.02 / Курский государственный университет — Курск, 2013. — С. 65.

228. Там же.

229. Сезерцев Л. Восстановление курского трамвая. Трамвай в Курске пойдет 1-го сентября. // Курская правда. — 28 августа 1924 г. — №195 (1395).

230. РГИА. Ф. 1288. Оп. 8. Д. 80. Л. 54. за 1905 г.

231. Местная хроника // Курские губернские ведомости. — 1987. — 27 мая. — С. 3.

232. Местная хроника // Курские губернские ведомости. — 1987. — 25 мая. — С. 3.

233. Местная хроника // Курские губернские ведомости. — 1987. — 17 мая. — С. 3.

234. Местная хроника // Курские губернские ведомости. — 1987. — 25 мая. — С. 3.

235. Доклад комиссии по наблюдению за строительством трамвая. // Курские губернские ведомости. — 1987. — 11 июня. — С. 3.

236. Музей КГЭТ МУП «Курскэлектротранс». Копия приговора № 8 Городской думы от 16 апреля 1898 г.

237. Местная хроника // Курские губернские ведомости. — 1988. — 11 апреля. — С. 2.

238. Музей КГЭТ МУП «Курскэлектротранс». Копия протокола № 2009 Городского головы губернатору от 17 апреля 1898 г.

239. Пуск электрического трамвая // Курские губернские ведомости. — 1898 г. — 20 апреля. — С. 1.

240. Выписки из журналов заседаний Городской думы // Орловский вестник. — 1889. — Приложение к № 50, 21 апреля. — С. 2.

241. Дневник. // Орловский вестник. — 1889. — № 102. — 4 августа. — С. 1.

242. AVAE. Compagnie Mutuelle des Tramways alias Traction et Électricité alias Tractionel. Archives de societes filiales. Tramways et Éclairage de la Ville d'Orel s.a. II.A.8850. Contrat entre la municipalité et la société pour l'installation de l'éclairage électrique. Concession des tramways à Orel. 29 novembre 1895-6 mars 1912.

243. ГАОО. Ф.4. Оп.1. Д.7041. Л.5-5об, 7-7об.

244. AVAE. Compagnie Mutuelle des Tramways alias Traction et Électricité alias Tractionel. Archives de societes filiales. Tramways et Éclairage de la Ville d'Orel s.a. II.B.8863. Correspondance et spécimens de statuts (1896-1913).

245. Хроника. // Орловский вестник. — 1897. — №131. — 19 мая. — С. 1; Экстренное заседание Орловский городской думы. // Орловский вестник. — 1897. — № 133. — 21 мая. — С. 2.

246. AVAE. Compagnie Mutuelle des Tramways alias Traction et Électricité alias Tractionel. Archives de societes filiales.

Tramways et Éclairage de la Ville d'Orel s.a. I.8808. Dossiers constitués 25 octobre 1897.

247. ГАОО. Ф.4. Оп.1. Д.7041. Л.5-5об, 7-7об.

248. Там же.

249. Хроника // Орловский вестник. — 1897. — № 269. — 8 октября. — С. 2.

250. Хроника. // Орловский вестник. — 1897. — № 299. — 8 ноября. — С. 2-3.

251. В Орле пущен трамвай. // Московские ведомости. — 7 ноября 1898. — № 235. — С. 5.

252. Шпаков И.В. Становление и развитие трамвайного транспорта в Центральном Черноземье в конце XIX – первой трети XX вв. : диссертация ... кандидата исторических наук : 07.00.02 / Курский государственный университет — Курск, 2013. — С. 72.

253. ГАВО Ф. И-6. Оп.1. Д.1792.

254. Постановления Воронежской городской думы за первую треть 1912 года. — Воронеж, 1912. — С. 19.

255. Там же. С. 23-24, 135-143, 149-152.

256. Сушкин. Н. Соображения о стоимости постройки и эксплуатации Воронежского городского трамвая. — Воронеж, 1915. — С. 2-5.

257. Технический и финансовый доклад о постройке электрического трамвая в Воронеже. — Воронеж, 1914. — С. 3.

258. Городская дума // Воронежский телеграф. — 1914. — 11 января.

259. Постановления Воронежской городской думы за последнюю треть 1913 года. — Воронеж, 1913. — С. 434-435, 440-443, 454, 559, 617-618.

260. Воронежский трамвай. // Воронежский телеграф. — 1914. — 28 марта.

261. Там же.

262. ГАВО Ф.И-21. Оп.1. Д.2134; Выкуп электрической станции // Воронежский телеграф. — 1914. — 19 апреля.

263. Технический и финансовый доклад о постройке воронежского городского трамвая за 1914 год. — Воронеж, 1915.

264. Там же.

265. ГАВО Ф.И-104. Оп.1. Д.49; Трамвайные работы // Дон. — 1915. — 7 июня; К постройке трамвайных вагонов // Воронежский телеграф. — 1916. — 30 октября; К постройке трамвая // Воронежский телеграф. — 1916. — 6 декабря; По кольцовской улице // Воронежский телеграф. — 1916. — 9 декабря; Радциг В.А. Воспоминания энергетика. — М.-Л., 1962. — С. 31-33.

266. Постановления Воронежской городской думы за первую треть 1915 года. — Воронеж, 1915. — С. 285-315.

267. Там же.

268. Савченко А. История воронежской конки. // Пантограф. — 2008. — № 3. — С. 41-43.

269. Итоги работы Губсобеса в сентябре. // Воронежская коммуна. — 1922. — 8 октября.

270. Трамвайные хозяйства. // Коммунальное дело. — 1923. — №3-4. — С. 182.

271. Хроника // Воронежская коммуна. — 1925. — 24 апреля.

272. Трамвайные хозяйства // Коммунальное дело. — 1925. — №1

273. Городской трамвай // Воронежская коммуна. — 1925. — 10 июня.

274. Фурсов А.А. История Воронежского трамвая 1923–2009. — Воронеж: Кварта, 2010. — С. 32.

275. Трамвайные хозяйства // Коммунальное дело. — 1925. — №11-12.

276. Городской трамвай // Воронежская коммуна. — 1925. — 10 июня.

277. Постройка трамвая заканчивается // Воронежская коммуна. — 1926. — 1 апреля.

278. Когда откроется трамвай? // Воронежская коммуна. — 1926. — 13 мая.

279. Трамвай. // Воронежская коммуна. — 1926. — 16 мая.

280. Фурсов А.А. История Воронежского трамвая 1923-2009. — Воронеж: Кварта, 2010. — С. 33.

281. Открытие трамвайного движения. // Воронежская коммуна. — 1926. — 18 мая.

282. Шпаков И.В. Становление и развитие трамвайного транспорта в Центральном Черноземье в конце XIX – первой трети XX вв. : диссертация ... кандидата

исторических наук : 07.00.02 / Курский государственный университет — Курск, 2013. — С. 84.

283. Трамвайное хозяйство СССР. — М., 1935. — С. 67–69; Шпаков И.В. Становление и развитие трамвайного транспорта в Центральном Черноземье в конце XIX – первой трети XX вв. : диссертация ... кандидата исторических наук : 07.00.02 / Курский государственный университет — Курск, 2013. — С. 82.

284. Хроника. // Орловский вестник. — 1897. — 8 ноября. — С. 2–3; Трамвайное хозяйство СССР. — М., 1935. — С. 169–175; Тархов С.А. Орловскому трамваю 100 лет // Вестник ГЭТ России. — 1999 — № 2. — С. 25–27.

285. Двигатели ДТУ-25 были установлены взамен бельгийским в 1930—1931 гг. в связи с заменой контроллеров вагонов.

286. Контроллеры ДК-5 и ДК-20 были установлены в 1930–1931 гг. в связи с износом бельгийских контроллеров; Трамвай. // Орловская правда. — 1931. — 30 июля.

287. Семенов Н.М. Трамвай, что мечтал породниться с «чугункой» (история воронежского трамвая). Ч. 1. // Пантограф. — 2007. — № 1. — С. 22–25; Фурсов А.А. История Воронежского трамвая. — Воронеж, 2010. — С. 33–44; Статистические данные о работе трамвайных предприятий СССР в 1927/28 г. / под ред. П.К. Пешекерова, Ю.К. Гринвальда; Труды постоянного бюро Всесоюзных трамвайных съездов при Главном управлении коммунального хозяйства и его комиссий — М.: Изд-во НКВД РСФСР, 1929. — С. 2–3; Статистические данные о работе трамвайных предприятий СССР в 1932 г. / под ред. П.К. Пешекерова; Труды Всесоюзного бюро трамвайных и автобусных предприятий при Всесоюзном совете коммунального хозяйства ЦИК СССР — М. ; Ленинград: Гос. транспортное изд-во, 1933. — С. 2–3.

288. Гуревич В.З. Ремонт подвижного состава трамвая. — М.: Издательство Наркомхоза РСФСР, 1941. — С. 4-9.

289. Черток М.С. Ремонт и обслуживание подвижного состава трамвая (механическое оборудование). — М.: Издательство литературы по строительству, 1969. — С. 75.

290. Трамвайное хозяйство СССР. — М., 1935. — С. 67-69, 169-175.

291. Сезерцев Л. Восстановление курского трамвая. Трамвай пойдет в Курске 1-го сентября. // Курская правда. — 28 августа 1924 г. — № 195 (1395). — С. 3.

292. Новые вагоны трамвая. // Курская правда. — 1926. — № 267 (2061), 20 ноября. — С. 3.

293. Курский трамвай ждет переоборудование. // Курская правда. — 1929. — № 63 (2792), 14 апреля. — С. 3; Трамвай будет переоборудован и расширен. // Курская правда. — 1929. — № 256 (27255), 7 ноября. — С. 3.

294. Хроника: трамвай // Курская правда. — 1929. — №118 (2792), 29 мая. — С. 3.

295. Трамвайное хозяйство СССР. — М., 1935. — С. 67-69.

296. Тархов С.А. Курскому трамваю 100 лет. // Вестник ГЭТ России. — 1998. — №3. — С. 28-34; Коммунальное хозяйство РСФСР к началу 1935 г. — М.: Издательство НКВД, 1935.

297. Курихин О., Розалиев В. Провинциальный трамвай. // Техника молодежи. — 2006. — № 3. — С. 16-17.

298. Дорогуш Г.И. Электродвигатели трамвая и троллейбуса. — М.-Л.: Энергия, 1964. — С. 3.

299. Тархов С.А. Орловскому трамваю 100 лет // Вестник ГЭТ России. — 1999 — № 2. — С. 25–27.

300. Местная хроника. // Орловская правда. — 1938. — 27 июня.

301. Когда откроется трамвай? // Воронежская коммуна. — 1926. — 13 мая.

302. Гуревич В.З. Ремонт подвижного состава трамвая. — Москва; Ленинград: Издательство Наркомхоза РСФСР, 1941. — С. 3–4, 42–44.

303. Лукин К. В. Некоторые принципиальные вопросы трамвайного вагоностроения // Транспорт и дороги города. — 1935. — № 2. — С. 6–7.

304. Лукин К.В. Ускорить выпуск моторных вагонов. // Коммуна. — 1932. — 15 марта.

305. Материалы к отчету о работе Воронежского городского совета РКиКД за 1931 г. — Орел, 1932. — С. 9–10.

306. Семенов Н.М. Трамвай, что мечтал породниться с «чугункой» (история воронежского трамвая). Ч. 1. // Пантограф. — 2007. — № 1. — С. 22–25.

307. Трамвайное хозяйство СССР. — М., 1935. — С. 67–69; Проектное задание на восстановление и расширение

курского трамвая. Ч. 1. Пояснительная записка. — М.: Дортранспроект, 1946. — С. 3–4.

308. Трамвайное хозяйство СССР. — М., 1935. — С. 169–175; Лысенко А. И. Неутомимый труженик (история орловского трамвая). — Орел: Вешние воды, 1998.

309. Городской электрический транспорт: Россия, СССР и Российская Федерация: Геграфия, история, статистика: энциклопедический справочник. / Под общей ред. Ю.М. Коссого. — Н. Новгород: Штрих-Н, 2007. — С. 64; Фурсов А. А. История Воронежского трамвая 1923 — 2009. — Воронеж, 2010.

310. Трамвайное хозяйство СССР. — М., 1935. — С. 69; Проектное задание на восстановление и расширение курского трамвая. Ч. 1. Общая часть. — М.: Дортранспроект, 1946. — С. 2.

311. ГАОО Ф.580. Д.4596. Л.298. Телеграмма орловского губернатора министру путей сообщения. 25.03.1915 г.

312. Рябинин Е.И. За сплошную электрификацию ЦФО. // Социалистическое строительство ЦФО. — 1931. — № 7.

313. Пять лет городского трамвая. // Воронежская коммуна. — 1931. — 15 апреля.

314. Морозов Н.Н. О восстановлении трамвайного хозяйства в г. Воронеже после его освобождения от немецко-фашистских захватчиков 25 января 1943 года. — Воронеж, 1945.

315. Сезерцев Л. Восстановление курского трамвая. Трамвай в Курске пойдет 1-го сентября. // Курская правда. — 28 августа 1924 г. — № 195 (1395); Курский трамвай ждет переоборудования. // Курская правда. — 14 апреля 1929 г. — № 63 (2792). — С. 2.

316. Трамвайное хозяйство СССР. — М., 1935. — С. 68–69; Технический паспорт курского трамвая за 1 полугодие 1954 г. — Курск, 1954.

317. Трамвайное хозяйство СССР. — М., 1935. — С. 170–175.

318. Морозов Н.Н. О восстановлении трамвайного хозяйства в г. Воронеже после его освобождения от немецко-фашистских захватчиков 25 января 1943 года. — Воронеж, 1945.

319. Музей КГЭТ МУП «Курскэлектротранс». Статистика штата курского трамвая в 1912 г.; Коммунальное хозяйство РСФСР за 1927/28, 1932 гг. и перспективы его развития во 2 пятилетке. — М.: Издательство НКВД, 1934. — С. 23-24;

Фурсов А. А. История Воронежского трамвая 1923 — 2009. — Воронеж, 2010. — С. 45; Лысенко А.И. Неутомимый труженик (история орловского трамвая). — Орел: Вешние воды, 1998. — С. 69.

320. Музей КГЭТ МУП «Курскэлектротранс». Воспоминания о курском трамвае бывшего главного бухгалтера треста городского транспорта Павлова И.П. ЛЛ. 1-2; Семенов Н.М. Трамвай, что мечтал породниться с «чугункой» (история воронежского трамвая). Ч. 1. // Пантограф. — 2007. — № 1. — С. 22-25; Музей КГЭТ МУП «Курскэлектротранс». Воспоминания о курском трамвае бывшего диспетчера курского Трамвайного управления Полищук Л.А. ЛЛ. 1-2; Музей КГЭТ МУП «Курскэлектротранс». Воспоминания о курском трамвае бывшего управляющего комбината Водосвет Разинькова И.И. ЛЛ. 1-3.

321. Как работает трамвай. // Курская правда. — 1925. — № 5 (1502).

322. Музей КГЭТ МУП «Курскэлектротранс». Статистика работы курского трамвая; Коммунальное хозяйство РСФСР к началу 1927 г. — М.: Издательство НКВД, 1927; Лысенко А.И. Неутомимый труженик (история орловского трамвая). — Орел: Вешние воды, 1998. — С. 120-121; Фурсов А. А. История Воронежского трамвая 1923 — 2009. — Воронеж, 2010. — С. 39-45.

323. Музей КГЭТ МУП «Курскэлектротранс». Статистика работы курского трамвая; Коммунальное хозяйство РСФСР к началу 1927 г. — М.: Издательство НКВД, 1927; Лысенко А.И. Неутомимый труженик (история орловского трамвая). — Орел: Вешние воды, 1998. — С. 120-121; Фурсов А. А. История Воронежского трамвая 1923 — 2009. — Воронеж, 2010. — С. 39-45.

324. Полное собрание законов Российской империи. Собрание I. — Т. 24. — № 17865, 17866, 17869.

325. ГАКО Ф.54. Оп.1. Д.277 за 1895 год. Л.29. Прошение курской городской управы курскому губернатору от 27 мая 1898 года.

326. ГАОО. Ф.4. Оп.1. Д.7041. Л.5-5об, 7-7об.

327. ГАКО Ф.48. Оп.1. Д.2 за 1903 год. Л.221. Журнал заседания городской думы от 11 декабря 1903 года.

328. Лысенко А. И. Неутомимый труженик (история орловского трамвая). — Орел: Вешние воды, 1998. — С. 120.

329. Шпаков И.В. Надзорная деятельность в сфере электротранспорта в городах Российской империи в конце XIX – начале XX века // Вестник Пермского университета. Серия: История. — 2012. — № 1 (18). — С. 184.

330. Трамвайное хозяйство СССР. — М., 1935.

331. Трамвайные хозяйства. // Коммунальное дело. — 1923. — № 3-4. — С. 182.

332. Розалиев В.В. Городской электротранспорт: из истории государственного управления. — М., 2004. — С. 40.

333. Северный рабочий. — 1923. — 11 февраля.

334. Пешекеров П.К. О средствах, необходимых для восстановления трамвая // Труды постоянного бюро всероссийских трамвайных съездов при главном управлении коммунального хозяйства и его комиссий. Вып. 1. — М., 1923. — С. 18.

335. О национализации крупнейших предприятий по горной, металлургической и металлообрабатывающей, текстильной, электротехнической, лесопильной и деревообделочной, табачной, стекольной и керамической, кожевенной, цементной и прочим отраслям промышленности, паровых мельниц, предприятий по местному благоустройству и предприятий в области железнодорожного транспорта: Декрет СНК РСФСР от 28/VI 1918 г. — М., 1918.— С. 1–2.

336. О взимании платы за услуги, оказываемые предприятиями коммунального характера: Декрет СНК РСФСР от 25/VIII 1921 г. — М., 1921. — С. 1–2.

337. Собрание узаконений и распоряжений правительства. — 1917. — № 10. — Ст. 153.

338. ГАРФ Ф. 130. Оп. 2. Д. 353. Л. 12–22.

339. Собрание узаконений и распоряжений правительства. — 1920. — № 66. — Ст. 295.

340. ГАРФ. Ф. 393. Оп. 13. Д. 1в. Л. 124.

341. Высшие органы государственной власти и органы центрального управления РСФСР (1917–1967). Справочник. — М., 1971.

342. Семенов Н.М. Всероссийская трамвайная конференция 1922 г. // ВИЕТ — 2003. — № 1. — С. 17-30.

343. Музей КГЭТ. Воспоминания о курском трамвае бывшего управляющего Комбината №1 Водосвет Разинькова И.И. Л. 3.

344. ГАКО. Ф. Р-176. Оп. 1. Д. 4.

345. Лысенко А. И. Неутомимый труженик (история орловского трамвая). — Орел: Вешние воды, 1998. — С. 56.

346. Фурсов А.А. История Воронежского трамвая 1923 — 2009. — Воронеж, 2010. — С. 42.

347. Собрание законов СССР. — 1930. — № 60. — Ст. 640.

348. Собрание узаконений и распоряжений рабочего и крестьянского правительства РСФСР. — 1931. — №4. — Ст. 38.

349. Бюллетень финансового и хозяйственного законодательства. — 1931. — №22. — С. 48.

350. ГАРФ. Ф. А-314. Оп. 1. Д. 10. Л. 7-20.

351. Собрание узаконений и распоряжений рабочего и крестьянского правительства РСФСР. — 1931. — № 42. — Ст. 323.

352. ГАРФ. Ф. А-314. Оп. 1. Д. 17. Л. 20-23.

353. Там же.

354. ГАКО. Ф. Р-413. Оп. 1. Д. 120. Л. 2.

355. Лысенко А. И. Неутомимый труженик (история орловского трамвая). — Орел: Вешние воды, 1998. — С. 63.

356. Собрание постановлений и распоряжений правительства РСФСР (СП РСФСР). — 1940. — №2. — Ст. 2.

357. Розалиев В.В. Городской электротранспорт: из истории государственного управления. — М., 2004. — С. 63.

358. СП РСФСР. — 1940. — №2. — Ст. 2; Там же. — №10. — Ст. 32.

359. Городская хроника // Орловский вестник. — 1898. — 5 ноября.

360. Хроника // Курские губернские ведомости. — 1898. — 20 апреля.

361. Музей КГЭТ МУП «Курскэлектротранс». Копия проекта контракта Курского Городского Общественного Управления с Инженером Путей Сообщения Лихачевым И.А. об устройстве в городе Курске электрической железной дороги (трамвая). ЛЛ. 1-12; AVAE. Compagnie Mutuelle des Tramways alias Traction et Électricité alias Tractionel. Archives de societes filiales. Tramways et Éclairage de la Ville d'Orel s.a. II.A.8850.

Contrat entre la municipalité et la société pour l'installation de l'éclairage électrique. Concession des tramways à Orel. 29 novembre 1895-6 mars 1912.

362. Городская хроника // Орловский вестник. — 1898. — 9 ноября.

363. Местная хроника // Орловский вестник. — 1899. — 6 февраля.

364. Курские губернские ведомости. — 1898. — 23 мая.

365. ГАКО Ф.54. Оп.1. Д.277 Л.29. Прошение Курской городской управы курскому губернатору от 27 мая 1898 года.

366. Орловский вестник. — 1901. — 3 февраля.

367. Курск // Искра. — 1901. — № 10. — С. 64.

368. Лысенко А.И. Неутомимый труженик (история орловского трамвая). — Орел: Вешние воды, 1998. — С. 34-37.

369. Там же. С. 25.

370. Обязательные постановления // Курские губернские ведомости. — 1912. — 7 июня.

371. Орловский вестник. — 1901. — 6 января.

372. Орловский вестник. — 1900. — 13 октября.

373. Орловский вестник. — 1900. — 15 апреля.

374. Орловский вестник. — 1901. — 7 июня.

375. Курские губернские ведомости. — 1903. — 3 декабря.

376. Музей КГЭТ МУП «Курскэлектротранс». Копия журнала курского губернского по земским и городским делам присутствия от 19 марта 1905 года. ЛЛ. 1-2.

377. ГАКО Ф. 48. Оп.1. Д. 2 за 1903 год. Л. 221. Журнал очередного заседания городской думы от 11 декабря 1903 года.

378. ГАКО Ф.48. Оп.1. Д.4 за 1904 год. ЛЛ. 90-93. Доклад от 30 апреля 1904 г. по вопросу об эксплуатации электрического трамвая.

379. ГАКО Ф.48. Оп.1. Д.4 за 1904 год. ЛЛ. 50, 97-98. Журнал очередного заседания городской думы от 30 апреля 1904 года.

380. Орловский вестник. — 1902. — 12 августа.

381. Орловский вестник. — 1909. — 12 марта.

382. Орловский вестник. — 1903. — 30 апреля.

383. ГАКО Ф.48. Оп.1. Д.4 за 1904 год. ЛЛ. 244-247.

384. Орловский вестник. — 1914. — 16 августа.

385. Заключение Ревизионной комиссии Орловского губернского земства по денежному отчёту Орловского губернского комитета Всероссийского Земского Союза помощи больным и раненым воинам. — Орёл, [б. г.] — С. 1.

386. ГАКО Ф.1. Оп.1. Д.10705. Л.59.

387. ГАКО Ф.1. Оп.1. Д.10709. Л.6.

388. ГАКО Ф.1. Оп.1. Д.10705. Л.62.

389. ГАОО Ф.2. Оп.1. Д.667. Л.1. Доклад Орловской городской управы губернатору от 27 мая 1915.

390. Орловская жизнь. — 1915. — 24 апреля.

391. Орловский коммунист. — 1916. — 14 сентября.

392. Орловский коммунист. — 1916. — 19 сентября.

393. Орловский коммунист. — 1916. — 28 мая.

394. Орловский коммунист. — 1916. — 4 сентября.

395. Орловский коммунист. — 1916. — 23 октября.

396. Орловский коммунист. — 1916. — 27 сентября.

397. Орловский коммунист. — 1916. — 20 октября.

398. Лысенко А.И. Неутомимый труженик (история орловского трамвая). — Орел: Вешние воды, 1998. — С. 50.

399. Тархов С.А. Курскому трамваю 100 лет. // Вестник ГЭТ России. — 1998. — № 3. — С. 28-29.

400. Лысенко А. И. Неутомимый труженик (история орловского трамвая). — Орел: Вешние воды, 1998. — С. 56.

401. Музей КГЭТ. Воспоминания о курском трамвае бывшего управляющего Комбината № 1 Водосвет Разинькова И.И. ЛЛ. 2-3.

402. ГАОО Ф.Р-1. Оп.1. Д.1993. Л.87.

403. Кукси И. Курский трамвай будет пущен 1-го сентября. // Курская правда. — 1924. — № 154.

404. Сезерцев Л. Восстановление курского трамвая. Трамвай в Курске пойдет 1-го сентября. // Курская правда. — 1924. — № 195.

405. Правила трамвайного движения. // Курская правда. — 1924. — № 226.

406. Трамвай. // Курская правда. — 1926. — 18 мая.

407. Новый вагон. // Курская правда. — 1926 г. — № 265.

408. Курская правда. — 1926. — № 37.

409. Новые вагоны трамвая. // Курская правда. — 1926 г. — № 267.

410. Трамвай с норовом. // Курская правда. — 1926 г. — № 167.

411. Трамвай под душем. // Курская правда. — 1926 г. — № 177.

412. Трамвайные вагоны нужно заменить новыми. // Курская правда. — 1929 г. — № 59.

413. План работ по переустройству и расширению трамвая. // Курская правда. — 1929 г. — № 71.

414. Орловская правда. — 1931. — 30 июля.

415. Открытие трамвайного движения // Воронежская коммуна. — 1926. — 16 мая.

416. Воронежскому трамваю — 15 лет. // Воронежская коммуна. — 1936. — 16 мая.

417. Десятилетие воронежского трамвая. // Воронежская коммуна. — 1936. — 16 мая.

418. Технический паспорт курского трамвая. — Курск, 1948. — С. 5-6.

419. Постройка нового трамвайного парка в Курске. // Курская правда. — 1929. — № 245.

420. Трамвайное хозяйство СССР. — М., 1935. — С. 67-68.

421. Там же. С. 69.

422. Проект расширения и переоборудования трамвая. // Курская правда. — 1929. — № 63.

423. Трамвайная линия Курск — Ямская должна быть построена ко дню пуска новой электростанции. // Курская правда. — 1929 г. — № 276.

424. ГАКО Ф.Р-770. Оп.8. Д.232. Л.24.

425. Тархов С.А. Курскому трамваю 100 лет. // Вестник ГЭТ России. — 1998. — №3. — С. 29-32.

426. Музей КГЭТ МУП «Курскэлектротранс». Воспоминания диспетчера треста городского транспорта Полищук Л.А. ЛЛ.1-2.

427. Проектное задание на восстановление и расширение курского трамвая. Ч. 1. Пояснительная записка. — М.: Дортранспроект, 1946. — С. 3.

428. Музей МУП «Трамвайно-троллейбусное предприятие». Копия журнала заседания орловского бюро горкома ВКП(б), август 1931 года.

429. Тархов С.А. Орловскому трамваю 100 лет // Вестник ГЭТ России. — 1999. — № 2. — С. 26.

430. Лысенко А. И. Неутомимый труженик (история орловского трамвая). — Орел: Вешние воды, 1998. — С. 66-69.

431. Орловская правда. — 1937. — 21 ноября.

432. Музей МУП «Трамвайно-троллейбусное предприятие». Основные показатели работы орловского трамвая за 1910 — 1940 годы (на конец года).

433. Курск // Искра. — 1901. — № 10. — С. 64.

434. Заключение Ревизионной комиссии Орловского губернского земства по денежному отчёту Орловского губернского комитета Всероссийского Земского Союза помощи больным и раненым воинам. — Орёл, [б. г.]. — С.1-3.; Гавриков Ф.А. Города российской провинции в условиях Первой мировой войны: на примере Курской губернии: диссертация … кандидата исторических наук: 07.00.02. — Курск, 2006. — С. 183.; ГАКО Ф.1. Оп.1. Д.10709. Л.6.

СПИСОК ИСТОЧНИКОВ И ЛИТЕРАТУРЫ

ИСТОЧНИКИ

Опубликованные источники

Законодательные источники

1. Полное собрание законов Российской империи с 1649 г. Т. 20. (1775—1780). — СПб. : тип. 2 отд. канцелярии его императорского величия, 1830. — 1036 с.

2. Полное собрание законов Российской империи с 1649 г. Т. 24. (с 6 ноября 1796—1798). — СПб. : тип. 2 отд. канцелярии его императорского величия, 1830. — 870 с.

3. Постановления Воронежской городской думы за первую треть 1912 года. — Воронеж : Тип. Гор. управы, 1913. — 400 с.

4. Постановления Воронежской городской думы за первую треть 1915 года. — Воронеж : Тип. Гор. управы, 1917. — 315 с.

5. Постановления Воронежской городской думы за последнюю треть 1913 года. — Воронеж : Тип. Гор. управы, 1914. — 338 с.

6. Собрание узаконений и распоряжений Рабочего и Крестьянского правительства РСФСР — 1917. — № 10. — Ст. 153.

7. Собрание узаконений и распоряжений Рабочего и Крестьянского правительства РСФСР — 1920. — № 66. — Ст. 295.

8. Собрание законов СССР — 1930. — № 60. — Ст. 640.

9. Собрание узаконений и распоряжений Рабочего и Крестьянского правительства РСФСР. — 1931. — № 4. — Ст. 38.

10. Бюллетень финансового и хозяйственного законодательства. — 1931. — №22. — С. 48.

11. Собрание узаконений и распоряжений Рабочего и Крестьянского правительства РСФСР — 1931. — № 42. — Ст. 323.

12. Собрание узаконений и распоряжений правительства РСФСР — 1940. — № 2. — Ст. 2.

Сборники документов

13. Воронеж в документах и материалах : Сборник / Г.И. Васильева, пит. ст. В. П. Загоровский ; Сост. Г.И.Васильева и др. — Воронеж : Центр.-Чернозем. кн. изд-во, 1987. — 271 с.

14. Из истории Курского края : Сб. документов и материалов / Отв. ред. П.В. Иванов. — Воронеж : Центр.-Чернозем. кн. изд-во, 1965. — 408 с.

15. Культурное строительство в Воронежской губернии. (1918—1928 гг.) : Сб. документов / Введ. Е. Г. Шуляковского ; Архивный отд. Испол. ком. Воронежского обл. Совета депутатов трудящихся, Воронежский гос. ун-т. — Воронеж : Центр.-Чернозем. кн. изд-во, 1965. — 372 с.

Статистические источники

16. Первая Всеобщая перепись населения Российской империи 1897 г. / под ред. и с предисл. Н.А. Тройницкого. — Санкт-Петербург : издание Центрального статистического комитета Министерства внутренних дел, 1899-1905. — 27. — I. Тройницкий, Николай Александрович (1842—1913), ред. II. Россия. Центральный статистический комитет. — 1. Население — Переписи — Россия, 1897. — 9: Воронежская губерния, тетр. 1. — 1901. — 168 с.

17. Первая Всеобщая перепись населения Российской империи 1897 г. / под ред. и с предисл. Н.А. Тройницкого. — Санкт-Петербург : издание Центрального статистического комитета Министерства внутренних дел, 1899-1905. — 27. — I. Тройницкий, Николай Александрович (1842—1913), ред. II. Россия. Центральный статистический комитет. — 1. Население — переписи — Россия, 1897. — 20: Курская губерния. — 1904. — 291 с.

18. Первая Всеобщая перепись населения Российской империи 1897 г. / под ред. и с предисл. Н.А. Тройницкого. — Санкт-Петербург : издание Центрального статистического комитета Министерства внутренних дел, 1899—1905. — 27. — I. Тройницкий, Николай Александрович (1842—1913), ред. II. Россия. Центральный статистический комитет. — 1. Население — Переписи — Россия, 1897. — 29: Орловская губерния. — 1904. — 259 с.

19. Итоги всесоюзной городской переписи 1923 г. — М., 1924—1927. — Ч.2, вып. 4 : Распределение городского населения по главным отраслям труда. — 1925. — 122 с.

20. Коммунальное хозяйство РСФСР за 1927\28, 1932 гг. и перспективы его развития во 2 пятилетке. / РСФСР. Нар. ком. внутренних дел. Стат. отд. — Москва : изд-во НКВД, 1934. — 147 с.

21. Коммунальное хозяйство РСФСР к началу 1927 года / РСФСР. Нар. ком. внутренних дел. Стат. отд. — Москва : изд-во НКВД, 1927. — 371 с.

22. Коммунальное хозяйство РСФСР к началу 1935 г. / РСФСР. Нар. ком. внутренних дел. Стат. отд. — Москва : изд-во НКВД, 1935. — 380 с.

23. Контрольные цифры народно-хозяйственного плана ЦЧО на 1933 г. — Воронеж, 1933. — 130 с.

24. Районы ЦЧО : краткий справочник. — Воронеж : Коммуна, 1930. — 131 с.

25. Социалистическое строительство Союза ССР : (1933—1938 гг.) : Стат. сб. / Отв. ред. И.В. Саутин ; Центр. упр. нар.-хоз. учета Госплана при СНК СССР. — Москва ; Ленинград : Госпланиздат, 1939. — 208 с.

<u>Неопубликованные источники</u>

Российский государственный исторический архив (РГИА)

26. Фонд 23. Отдел внутренней торговли Министерства торговли и промышленности Временного правительства. Оп. 24. Д. 306.

27. Фонд 1287. Хозяйственный департамент МВД (1819 — 1904). Оп. 41. Д. 501.

28. Фонд 1288. Главное управление по делам местного хозяйства МВД (1904–1917). Оп. 8. Д. 80.

29. Фонд 1293. Техническо-строительный комитет МВД. Оп. 86. Д. 144.; Оп. 91. Д. 190, 202.

Центральный государственный исторический архив
Санкт-Петербурга (ЦГИА СПб)

30. Фонд 1367. Русское общество «Всеобщая компания электричества». Оп. 8. Д. 29, 235.

Государственный архив Российской Федерации (ГАРФ)

31. Фонд А-314. Главное управление коммунального хозяйства при СНК РСФСР (1930-1931). Наркомат коммунального хозяйства РСФСР (1931-1946). Оп. 1. Д. 10, 17, 35.

32. Фонд Р-130. Совет Народных Комиссаров РСФСР (СНК РСФСР) — Совет министров РСФСР. Оп. 2. Д. 353.

33. Фонд Р-393. Народный комиссариат внутренних дел РСФСР (НКВД РСФСР). Оп. 13. Д. 1в.

Государственный архив Курской области (ГАКО)

34. Фонд 1. Канцелярия курского губернатора. Оп. 1. Д. 10705, 10709.

35. Фонд 48. Курская городская дума (1871–1913, 1916 гг.). Оп. 1. Д. 2, 4.

36. Фонд 54. Курское губернское по земским и городским делам присутствие. Оп. 1. Д. 277.

37. Фонд 815. Бельгийское анонимное общество «Курский трамвай». Оп. 1. Д. 1.

38. Фонд Р-176. Правление государственных электрических станций г. Курска «Электросвет». Оп. 1. Д. 4.

39. Фонд Р-200. Курский губернский отдел коммунального хозяйства (ГУБКОММУНОТДЕЛ). Оп. 1. Д. 144.

40. Фонд Р-309. Курский губернский отдел народного образования (ГУБОНО). Оп. 1. Д. 196.

41. Фонд Р-413. Курский коммунальный трест хозрасчетных предприятий. Оп. 1. Д. 120.

42. Фонд Р-770. Исполнительный комитет курского городского совета народных депутатов (горсовет о его исполком, горисполком). Оп. 8. Д. 90а, 232.

43. Фонд Р-3272. Курское главное планово-экономическое управление. Оп.1. Д. 180.; Оп. 12. Д. 2.

44. Фонд Р-5346. Управление по делам строительства и архитектуры курского горисполкома. Оп. 1. Д. 4.

Государственный архив Орловской области (ГАОО)

45. Фонд 2. Орловское губернское по земским и городским делам присутствие. Оп. 1. Д. 667.

46. Фонд 4. Орловское губернское правление. Оп. 1. Д. 7041.

47. Фонд 52. Управление орловского почтово-телеграфного округа. Оп. 1. Д. 3076.

48. Фонд 580. Канцелярия орловского губернатора. Оп. 1. Д. 4596.

49. Фонд 593. Орловская городская дума. Оп. 1. Д. 1360.

50. Фонд Р-1. Исполнительный комитет орловского губернского совета рабочих, крестьянских и красноармейских депутатов (ГУБИСПОЛКОМ). Оп. 1. Д. 1993.

51. Фонд Р-3. Исполнительный комитет орловского окружного совета рабочих, крестьянских и красноармейских депутатов (ОКРИСПОЛКОМ). Оп. 1. Д. 41.

52. Фонд Р-15. Исполнительный комитет орловского городского совета народных депутатов (ГОРИСПОЛКОМ). Оп. 1. Д. 235, 252.

53. Фонд Р-1184. Орловское областное автомобильное управление. Оп. 1. Д. 1.

54. Фонд Р-2577. Управление главного архитектора г. Орла. Оп. 1. Д. 2.

Государственный архив Воронежской области (ГАВО)

55. Фонд И-6. Канцелярия воронежского губернатора. Оп. 1. Д. 1792, 2096.

56. Фонд И-21. Воронежское губернское по земским и городским делам присутствие. Оп. 1. Д. 2134.

57. Фонд И-104. Воронежский губернский исполнительный комитет Временного правительства, г. Воронеж. Оп. 1. Д. 49.

58. Фонд Р-842. Совет народного хозяйства Центрально-Черноземного областного исполнительного комитета совета рабочих, крестьянских и красноармейских депутатов, г. Воронеж. Оп. 1. Д. 122.

Государственный архив общественно-политической истории Воронежской области (ГАОПИ ВО)

59. Фонд 5297. Партийный архив воронежского обкома КПСС. Оп. 1. Д. 1824.

Association pour la Valorisation des Archives d'Entreprises (AVAE) (Государственный архив Бельгии. Подархив (фонд) BE-A0545)

60. Compagnie Mutuelle des Tramways alias Traction et Électricité alias Tractionel. Archives de societes filiales. Tramways et

Éclairage de la Ville d'Orel s.a. I.8808. Dossiers constitués 25 octobre 1897.

61. Compagnie Mutuelle des Tramways alias Traction et Électricité alias Tractionel. Archives de societes filiales. Tramways et Éclairage de la Ville d'Orel s.a. II.A.8850. Contrat entre la municipalité et la société pour l'installation de l'éclairage électrique. Concession des tramways à Orel. 29 novembre 1895-6 mars 1912.

62. Compagnie Mutuelle des Tramways alias Traction et Électricité alias Tractionel. Archives de societes filiales. Tramways et Éclairage de la Ville d'Orel s.a. II.B.8863. Correspondance et spécimens de statuts (1896 — 1913).

Institute of Electrical and Electronics Engineers Archives (IEEE Archives) (Архив международного института инженеров по электротехнике и электронике)

63. Milestones: Richmond Union Passenger Railway, 1888.
64. Piscataway, NJ. Honor F.J. Sprague, "Edison of Transit", 1932, Biography, Sprague, Frank Julian, Box HB-113.
65. Piscataway, NJ. Frank Julian Sprague, Scientist, Inventor, Engineer, "Father of Electric Traction", 1932, Biography, Sprague, Frank Julian, Box HB-113.
66. Piscataway, NJ. Correspondence regarding newspaper article on electric trolley, 1934, Biography, Sprague, Frank Julian, Box HB-113.

Музей Курского городского электрического транспорта МУП «Курскэлектротранс» (Музей КГЭТ)

67. Воспоминания о курском трамвае бывшего главного бухгалтера треста городского транспорта Павлова И.П.
68. Воспоминания о курском трамвае бывшего диспетчера курского Трамвайного управления Полищук Л.А.
69. Воспоминания о курском трамвае бывшего управляющего Комбината №1 Водосвет Разинькова И.И.
70. Копия ответного письма зам министра внутренних дел о рассмотрении предложений об устройстве и эксплуатации в г. Курске электрической железной дороги за №1210 и №1451.
71. Копия проекта договора фирмы Сименс и Гальске с Курским Городским Общественным Управлением об организации электрического трамвая.

72. Копия проекта контракта Курского Городского Общественного Управления с Инженером Путей Сообщения Лихачевым И.А. об устройстве в городе Курске электрической железной дороги (трамвая).
73. Сводная статистика работы курского трамвая за разные годы.
74. Копия письма главы городской управы губернатору от 31 июля 1895 г.
75. Копия письма курского губернатора Милютина А.Д. министру внутренних дел Дурново И.Н. от 2 ноября 1895 г.
76. Технические характеристики бельгийских трамвайных вагонов 1898 г.
77. Копия приговора №8 Городской думы от 16 апреля 1898 г.
78. Копия протокола №2009 Городского головы губернатору от 17 апреля 1898 г.
79. Копия журнала курского губернского по земским и городским делам присутствия от 19 марта 1905 года.
80. Статистика штата курского трамвая в 1912 г.
81. Основные статистические показатели работы курского трамвая за 1935 г.
82. Технический паспорт курского трамвая. — Курск, 1948.
83. Технический паспорт курского трамвая за 1 полугодие 1954 г. — Курск, 1954.
84. Технический паспорт курского трамвая на 1.1.1958 г. — Курск, 1958.

Музей МУП «Трамвайно-троллейбусного предприятия» г. Орла

85. Основные показатели работы орловского трамвая за 1910 — 1940 годы (на конец года).
86. Основные статистические данные орловского трамвая за 1922 г.
87. Копия журнала заседания орловского бюро горкома ВКП(б), август 1931 года.

ЛИТЕРАТУРА

Летописи

88. Летопись по Лаврентьевскому списку (Повесть временных лет.). — 3-е изд. — СПб.: Археогр. комиссия, 1897. — 630 с.
89. Полное собрание русских летописей. Т. II. — СПб.: Типография Эдуарда Праца, 1843. — 377 с.

90. Полное собрание русских летописей. Т. XIII. — СПб., 1863 — Петроград: Типография министерства земледелия, 1918. — 303 с.

Монографии

91. Арсеньев А. Центрально-Черноземный район / А. Арсеньев. — М. : Плановое хозяйство, 1927. — 124 с.

92. Внуков С., Захарик Е., Усиков Н. Орловский экономический административный район / Экономическое районирование СССР. Кн. 2. — М. : Госпланиздат, 1959. — 263 с.

93. Демидов Р.Г., Кривцун Л.В. Социалистическая индустриализация и рост культурно-технического уровня трудящихся Центрального Черноземья: 1928—1941 / Р.Г. Демидов, Л.В. Кривцун — Воронеж : ВГУ, 1978. — 196 с.

94. Детина С.И., Овчиннинский Н.В., Шахова О.Т. Проблемы развития и размещения производительных сил Центральночерноземного района. — М. : Мысль, 1973. — 182 с.

95. Дякин В.С. Германские капиталы в России (электроиндустрия и электрический транспорт) / В.С. Дякин. — Ленинград : Наука, 1971. — 288 с.

96. Игнатьев В. И. Некоторые факты и итоги четырех лет гражданской войны (1917—1921 гг.) / В.И. Игнатьев. — М. : Государственное издательство, 1922. — 631 с.

97. Ржонсницкий Б.Н. Трамвай — русское изобретение. / Б.Н. Ржонсницкий — М. : МКХ РСФСР, 1952. — 83 с.

98. Розалиев В.В. Городской электротранспорт: из истории государственного управления / В.В. Розалиев. — М. : тип. Фёдоровец, 2004. — 278 с.

99. Сидоров А.Л. Экономическое положение России в годы Первой мировой войны / А.Л. Сидоров. — М. : Наука, 1973. — 656 с.

100. Соловьева А.М. Железнодорожный транспорт России во второй половине XIX в. / А.М. Соловьева. — М. : Наука, 1975. — 315 с.

101. Страментов А.Е., Сосянц В.Г., Фишельсон М.С. Городской транспорт. — 2-е изд., перер. и доп. — М. : Стройиздат, 1969. — 424 с.

102. Езиоранский Л.К. Фабрично-заводские предприятия Российской империи (исключая Финляндию) : Под

наблюдением Ред. ком., сост. из чл. Сов. съездов представителей пром-сти и торговли / Ред. Ф.А. Шобер ; Сов. съездов представителей пром-сти и торговли. — 2-е изд. — Петроград : Изд. инж. пут. сообщ. Д.П. Кондауров и сын, 1914. — 1612 с.

103. Фурменко И.П. Воронежский государственный медицинский институт имени Н.Н. Бурденко. — 2-е изд., испр. и доп. — Воронеж : Изд-во Воронеж. ун-та, 1978. — 256 с.

Диссертации и авторефераты

104. Букалова С.В. Орловская губерния в годы Первой мировой войны: социально-экономические, организационно-управленческие и общественно-политические аспекты : Дореволюционный период : июль 1914 — февраль 1917 года : диссертация … кандидата исторических наук : 07.00.02. — Орел, 2005. — 294 с.

105. Гавриков Ф.А. Города российской провинции в условиях Первой мировой войны : на примере Курской губернии : диссертация … кандидата исторических наук : 07.00.02. — Курск, 2006. — 307 с.

106. Касимов А.С. Рабочие Центрально-Черноземного района в годы Первой Мировой войны (1914 — февраль 1917 г.) : диссертация … кандидата исторических наук : 07.00.02. — Ленинград, 1984. — 274 с.

107. Лашина Л.С. Деятельность акционерного общества по строительству и эксплуатации Московско-Киевско-Воронежской железной дороги в пореформенный период : 1866—1917 гг. : на материалах Центрального Черноземья : диссертация … кандидата исторических наук : 07.00.02. — Белгород, 2008. — 179 с.

108. Терещенко А.А. Социально-экономическое развитие городов Центрального Черноземья во второй половине XIX — начале XX века : 1861—1904 гг. : диссертация … доктора исторических наук : 07.00.02. — Курск, 2003. — 437 с.

109. Шпаков И.В. Становление и развитие трамвайного транспорта в Центральном Черноземье в конце XIX - первой трети XX вв. : диссертация … кандидата исторических наук : 07.00.02 — Курск, 2013. — 156 с.

110. Яковлева М.В. Государственная политика в области исторического образования в конце XIX — начале XX века : на примере средних учебных заведений Курской губернии : диссертация … кандидата исторических наук : 07.00.02. — Курск, 2004. — 204 с.

Материалы конференций

111. Громов В.А. Орловский государственный университет (1920—1921) и высший педагогический институт (1921—1922) // Орловский край: Опыт истории и перспективы развития: Материалы научно-практической конференции / под ред. Д.З. Арсентьева, М.Н. Осьмакова, А.Ю. Сарана. — Орёл : Упринформпечать, 1992. — 391 с.

112. Шпаков И.В. Естественные монополии в коммунальном секторе в Курске в конце XIX — начале XX вв. // Торговое дело: история, теория и практика: Первые Ходыревские чтения: сб. материалов межд. научно-практической конф. / под. ред. докт. экон. наук, проф. В.Н. Ходыревской; Курск. гос. ун-т, 17 мая 2011 г. — Курск : КГУ, 2011. — С. 325-327.

113. Шпаков И.В. История курского трамвая в период бельгийского управления в фондах российских и иностранных архивов и библиотек // Документационное обеспечение организационной и производственной деятельности : сборник материалов региональной научно-практической конференции / редкол.: Н.Н. Коротеева (отв. ред.) [и др.]; Юго-Западный государственный университет, 29 октября 2015 г. — Курск : Инвестсфера, 2015. — С. 67-69.

Научно-популярная литература

114. Артоболевский И.И., Благонравов А.А. Очерки истории техники в России (1861–1917). / Под ред. В.П. Коберниченко, О.И. Павловой, Т.Д. Разумовой, А.А. Чеканова — М.: Наука, 1978. — 397 с.

115. Болховитинов Е. Историческое, географическое и экономическое описания Воронежской губернии, собранное из истории, архивных записок и сказаний. Воронежская старина. Вып. 2. / Е. Болховитинов — Воронеж : типография губернского правления,1912. — 230 с.

116. Высочин Д.И. Бельгийские кандалы : По поводу трамвайного соглашения / Д.И. Высочин. — Харьков : тип. Губ. правл., 1908. — 190 с.

117. Долгополов К.В. Центрально-Черноземный район : (экон.-геогр. характеристика) / К. В. Долгополов ; Акад. наук СССР, Ин-т географии. — М. : Географгиз, 1961. — 415 с.

118. Егоров Б.А. Весь город Орел : Справ.-Информ.-рекл. изд. — Орел : Орелиздат, 1993. — 302 с.

119. Загоровский В.П. Воронеж : историческая хроника / В.П. Загоровский. — Воронеж : Центр.-Чернозем. кн. изд-во, 1989. — 253 с.

120. Загоровский В.П. История Воронежского края : От А до Я : Словарь-справочник. — Воронеж : Центр.-Чернозем. кн. изд-во, 1982. — 311 с.

121. История электротехники / Я.А. Шнейберг, О.Н. Веселовский, К.С. Демирчан и др. ; Под общ. ред. И.А. Глебова ; Акад. электротехн. наук Рос. Федерации. — М. : Изд-во МЭИ, 1999. — 523 с.

122. Киево-Печерский патерик, или Сказания о житии и подвигах свв. угодников Киево-Печерской лавры : Перелож. с Киево-Печ. патерика изд. Киево-Печ. Лавры 1883 г. — 3-е изд., испр. и значит. доп. - Одесса : тип. Е.И. Фесенко, 1903. — 352 с.

123. Коссой Ю.М. Ваш друг трамвай, 1896—1996. Век нижегородского трамвая. / Ю.М. Коссой — Нижний Новгород : Елень- Яблоко, 1996. — 159 с.

124. Лысенко А.И. Неутомимый труженик : история орловского трамвая. / А.И. Лысенко. — Орел : Вешние воды, 1998. — 128 с.

125. Москвитин В.П. Курск в прошлом и настоящем (В помощь агитатору). / В.П. Москвитин. — Курск : Курское обл. изд-во, 1939. — 54 с.

126. Московский трамвай : страницы истории / Гос. Компания "Мосгортранс" ; сост. М. Д. Иванов. — М. : Мосгортранс, 1999. — 249 с.

127. Очерки истории Воронежской области / Воронеж. гос. ун-т; под. ред. Е.Г. Шуляковского. — Воронеж : Изд-во ВГУ, 1961. — Т. 2 : Эпоха социализма. — 1967. — 677 с.

128. Памятная книжка Курской губернии на 1892 год / Изд. Кур. ГСК; Сост. секр. ком. Т. И. Вержбицким. — Курск : типография губернского правления, 1892. — 516 с.

129. Пашутин А.Н. Исторический очерк г. Елисаветтрада / Сост. и изд. А.Н. Пашутин. — Елисаветтрад, 1897. — 311 с.

130. Пясецкий Г.М. Исторические очерки города Орла (в связи с судьбой прочих городов Орловской губернии. Статьи, вошедшие в состав Орлов. епарх. вед. за 1872 и 1873 г.). / Сост. Г.М. Пясецкий — Орел : тип. кн. Оболенского, 1874. — 229 с.

131. Радциг В.А. Воспоминания энергетика. / В.А. Радциг. — М.-Л. : Госэнергоиздат, 1962. — 136 с.

132. Свет над Верхним Доном : очерки электрификации Воронежской области / В. Г. Суворов. — Воронеж : Центр.-Чернозем. кн. изд-во, 1981. — 128 с.

133. Фурсов А.А. История Воронежского трамвая 1923—2009. / А.А. Фурсов. — Воронеж : Квадра, 2010. — 152 с.

Книги на иностранных языках

134. A. Ernst. Edison. Sein Leben und Erfinden. — Berlin: Ernst Angel Verlag, 1926.

135. Gerland Otto. Zweckmaessige Querschnitte fuer Hauptverkehrsstrassen mit zweigleisigem Strassenbahnbetrieb. — Leipzig: Bibliogr. Inst., 1928.

136. S. Hilkenbach, W. Kramer, Claude Jeanmaire. Berliner Straßenbahnen. Die Geschichte der Berliner Straßenbahn-Gesellschaften seit 1865 (Archive No. 6). — Verlag Eisenbahn, Villigen AG (Schweiz), 1973.

137. Sigfrid von Weiher. Werner von Siemens. A Life in the Service of Science, Technology and Industry. — Göttingen, 1975.

138. Tramways d'Iékaterinoslaw Société Anonyme: Action de Jouissance sans mention de valeur. — Brussels, 5th September 1897.

139. Науменко I.M. З вершини століття : Короткий нарис історії будівництва і розвитку електричного транспорту міста Дніпропетровська). / I.M. Науменко. — Дніпропетровськ : Пороги, 1997. — 118 с.

Методическая литература

140. Гуревич В.З. Ремонт подвижного состава трамвая. / В.З. Гуревич. — М. : Издательство Наркомхоза РСФСР, 1941. — 252 с.

141. Дорогуш Г.И. Электродвигатели трамвая и троллейбуса. / Г.И. Дорогуш. — М.-Л. : Энергия, 1964. — 62 с.

142. Черток М.С. Ремонт и обслуживание подвижного состава трамвая (механическое оборудование). / М.С. Черток. — М. : Издательство литературы по строительству, 1969. — 248 с.

Справочные и информационные издания

143. 10 месяцев работы Орловского городского Совета рабочих, крестьян и красноармейских депутатов. 1926—1927 гг. (март 1926 г. — февраль 1927 г.). / Орловский гор. совет р. к. и к. д. — Орел : тип. Изолятора, 1927. — 76 с.

144. XVII съезд ВКП(б) : Съезд победителей : Стенографический отчет. — М. : Партиздат, 1934. — 719 с.

145. Борис Семёнович Якоби: библиогр. указатель / Сост. М. Г. Новлянская; Под ред. К. И. Шафрановского; Вступит. статья чл.-кор. АН СССР Т. П. Кравца. — М.; Л.: Изд-во АН СССР, 1953. — 320 с.

146. Воронеж : справочник / исл. В.А. Потапенко. — Воронеж : Горсовет, 1932. — 402 с.

147. Высшие органы государственной власти и органы центрального управления РСФСР (1917—1967) : справочник. — М. : ЦГА РСФСР, 1971. — 514 с.

148. Городской электрический транспорт: Россия, СССР и Российская Федерация : Геграфия, история, статистика : энциклопедический справочник. / Под общей ред. Ю.М. Коссого. — Н. Новгород : Штрих-Н, 2007. — 368 с.

149. Курский губернский исполнительный комитет. Отчет XIV губернскому съезду Советов. — Курск : [б. и.], 1927.

150. Материалы к отчету о работе Воронежского городского совета РКиКД за 1931 г. — Орел : [б. и.], 1932. — 12 с.

151. Морозов Н.Н. О восстановлении трамвайного хозяйства в г. Воронеже после его освобождения от немецко-фашистских захватчиков 25 января 1943 года. / Н.Н. Морозов — Воронеж : [б. и.], 1945. — 3 с.

152. Отчет Курского губернского исполнительного комитета XII губернскому съезду Советов. — Курск, 1924. — 14 с.

153. Отчет о работе Городского Совета 1931–1934 гг. — Орел : [б. и.], 1934.

154. Проект восстановления и расширения курского трамвая. — М. : Дортранспроект, 1946. — 521 с.

155. Сушкин. Н. Соображения о стоимости постройки и эксплуатации Воронежского городского трамвая / Н. Сушкин. — Воронеж : [б. и.], 1915. — 124 с.

156. Технический и финансовый доклад о постройке электрического трамвая в Воронеже. — Воронеж : [б. и.], 1914. — 98 с.

157. Трамвайное хозяйство СССР. — М. : [б. и.], 1935. — 238 с.

158. Трамвайный справочник. / Под ред. П.К. Пешекерова, Д.И. Бондаревского — М.: МЖК РСФСР, 1948. — 455 с.

159. Труды постоянного бюро всероссийских трамвайных съездов при Главном управлении коммунального хозяйства и его комиссий. Вып. 1. / Под ред. П.К. Пешекеров, Ю.К. Гринвальд. — ПГ. : Издание ПБВТС, 1924. — 209 с.

160. Устав / «Курский трамвай», акц. (аноним. о-во с Правл. в Брюсселе). — Москва : т-во скоропеч. А.А. Левенсон, 1895. — 32 с.

Периодическая печать

Научные статьи

161. Прокофьева Е.Ю. Особенности городов и основных занятий городского населения в губерниях Центрального Черноземья РСФСР в 20-е гг. XX в // Известия Алтайского государственного университета. — 2009. — № 4-1. — С. 162-167.

162. Шпаков И.В. Бельгийский период курского трамвая // Курский край. — 2008. — № 7-8 (108-109). — С. 67-71.

163. Шпаков И.В. Время стандартных вагонов в Курске // Курский край. — 2008. — № 7-8 (108-109). — С. 72-82.

164. Шпаков И.В. История советского трамвая: анализ многотиражных изданий 50-х годов XX века // Известия Юго-Западного государственного университета. Серия: История и право. — 2015. — № 2 (15). — С. 89-97.

165. Шпаков И.В. Надзорная деятельность в сфере электротранспорта в городах российской империи в конце XIX - начале XX в // Вестник Пермского университета. Серия: История. — 2012. — № 1 (18). — С. 182-186.

166. Шпаков И.В. Подвижной состав трамвая в городах Российской империи в конце XIX века // Альманах

современной науки и образования. — 2012. — № 12-2 (67). — С. 173-175.

167. Шпаков И.В. Становление и развитие электрических городских железных дорог (трамвая) в городах Российской империи в конце XIX в // Известия Алтайского государственного университета. — 2010. — № 4-2. — С. 245-248.

168. Шпаков И.В. Хозяйственная жизнь городов Центрального Черноземья в конце XIX в. (на примере Курска, Орла и Воронежа) // Известия Алтайского государственного университета. — 2012. — № 4-2 (76). — С. 225-227.

Специализированные журналы

169. «Post-ACEC Info's» — 2004 г.
170. «The New England Magazine» — 1888 г.
171. «Вестник городского электрического транспорта России» — 1988, 1999 гг.
172. «Деньги» — 2003 г.
173. «Железнодорожное дело» — 1901, 1902 гг.
174. «Инженер» — 1983.
175. «Коммунальное дело» — 1923, 1925 гг.
176. «Молодой коммунар» — 1979 г.
177. «Очерки феодальной России» — 1998 г.
178. «Пантограф» — 2007, 2008 гг.
179. «Социалистическое строительство ЦФО» — 1931 г.
180. «Театр и драматургия» — 1934 г.
181. «Транспорт и дороги города» — 1935, 1936, 1937 гг.
182. «Хозяйство ЦЧО» — 1928 г.
183. «Электричество» — 1910, 1911, 1914 гг.

Многотиражные газеты

184. «Воронежская коммуна» — 1922, 1925, 1926, 1931, 1936, 1941 гг.
185. «Воронежский телеграф» — 1914, 1916 гг.
186. «Голос» — 1880 г.
187. «Коммуна» — 1932, 1933 гг.
188. «Курская правда» — 1924, 1925, 1926, 1929, 1935, 1948 гг.
189. «Курские губернские ведомости» — 1897, 1898, 1903, 1912 гг.
190. «Московские ведомости» — 1898 г.
191. «Орловская правда» — 1930, 1931, 1934, 1937, 1938 гг.

192. «Орловский вестник» — 1897, 1898, 1899, 1900, 1901, 1902, 1903, 1909, 1914 гг.
193. «Орловский коммунист» — 1916 г.
194. «Санкт-Петербургские ведомости» — 1880 г.
195. «Югъ» — 1906 г.

CreateSpace
4900 LaCross Road
North Charleston, SC 29406
USA

Подписано в печать 1.12.2015 г. Формат 6" x 9"
Бумага офсетная. Гарнитура Garamond. Печать офсетная.
Усл. печ. л. 6,09. Тираж 100 экз.

www.ingramcontent.com/pod-product-compliance
Lightning Source LLC
Chambersburg PA
CBHW071435180526
45170CB00001B/350